数字经济创新驱动与技术赋能丛书

重塑数据战略

人性力量
激发数据竞争力

[德] 冯天凯（Tiankai Feng） 著

丛兴滋 译

机械工业出版社
CHINA MACHINE PRESS

Authorized translation from the English language edition entitled Humanizing Data Strategy By Tiankai Feng ISBN: 9781634625159 Copyright © 2024 Tiankai Feng

All rights reserved. No part of this book may be reproduced or transmitted in any form or by any means, electronic or mechanic, including photocopying, recording, or by any information storage retrieval system, without permission of the Proprietors.

Simplified Chinese Translation Copyright © 2025 by China Machine Press. This edition is authorized for sale in the Chinese mainland (excluding Hong Kong SAR, Macao SAR and Taiwan).

此版本仅限在中国大陆地区（不包括香港、澳门特别行政区及台湾地区）销售。未经出版者书面许可，不得以任何方式抄袭、复制或节录本书中的任何部分。

北京市版权局著作权合同登记　图字：01-2025-0425 号。

图书在版编目（CIP）数据

重塑数据战略：人性力量激发数据竞争力 /（德）冯天凯著；丛兴滋译. -- 北京：机械工业出版社，2025. 5. --（数字经济创新驱动与技术赋能丛书）.
ISBN 978-7-111-78412-8

Ⅰ. TP274

中国国家版本馆 CIP 数据核字第 2025Z9S677 号

机械工业出版社（北京市百万庄大街 22 号　　邮政编码 100037）	
策划编辑：李晓波	责任编辑：李晓波　马　超
责任校对：张勤思　任婷婷　景　飞	责任印制：常天培

北京联兴盛业印刷股份有限公司印刷
2025 年 7 月第 1 版第 1 次印刷
145mm×210mm · 4.625 印张 · 1 插页 · 67 千字
标准书号：ISBN 978-7-111-78412-8
定价：59.00 元

电话服务　　　　　　　　　　网络服务
客服电话：010-88361066　　　机　工　官　网：www.cmpbook.com
　　　　　010-88379833　　　机　工　官　博：weibo.com/cmp1952
　　　　　010-68326294　　　金　　书　　网：www.golden-book.com
封底无防伪标均为盗版　　　　机工教育服务网：www.cmpedu.com

赞 誉

冯天凯（Tiankai Feng）在数据领域以其非凡的创意才能而闻名，他的才华最初通过说唱歌曲和搞怪音乐作品《数据守护者》（*Governors of Data*）得以展现。他以实际行动证明，他能够以一种商业界易于接受的方式有效传达数据管理核心观点。其新作《重塑数据战略：人性力量激发数据竞争力》正是他独特思想领导力的自然延伸。

天凯在这本书中深刻揭示了数据战略人性化的一面。他认识到数据分析中固有的偏见和情感因素，强调了同情心和怜悯心在数据驱动的决策中的重要性。他结合个人经历和专业洞察提出的简洁而有力的 5C 框架切实增强了数据战略的包容性和影响力。对于那些希望在企业中推行更加人性化的数据实践，培养更具协作性、伦理性的数据文化的人来说,这是一本不可多得的必读之作。

——斯科特·泰勒(Scott Taylor)
被誉为"数据解密者"(The Data Whisperer)、
Telling Your Data Story 作者

在当前这个书籍层出不穷的时代,冯天凯的这部作品无疑是一股清流。从第一页开始便能体会到,在理性和逻辑主宰我们感知、数据"统治"世界的时代背景下,这本书所蕴含的深思熟虑和真挚情感。他以其对"万物皆数"这一主题的深刻反思,为读者呈现了一口深邃的智慧之井。他的观点、思想领导力,以及将"人性化"融入数据生命周期的独特方式,都令人耳目一新。我将这本书强烈推荐给数据极客、策略家、书籍鉴赏家以及文学爱好者。

——索尔·拉希迪(Sol Rashidi)
财富100强公司前首席数据/分析/人工智能官、
畅销书 *Your AI Survival Guide* 作者

我们常常将人简单地归入工作流程的范畴。在这本书中，作者冯天凯让我们认识到，数据战略中"人"的因素才是我们的"超级武器"。从 5C 框架到我们在组织中扮演的角色，作者深入探讨了如何在组织中打造卓越的数据战略。对于任何正在启动（或重启）数据战略的人来说，这都是一本必读之作。

——劳拉·马德森（Laura Madsen）
AI and the Data Revolution 作者

《重塑数据战略：人性力量激发数据竞争力》巧妙地弥合了数据驱动的洞察与人性化决策之间的鸿沟，对于任何希望在技术专长与必要的人文关怀之间找到平衡的数据专业人士而言，这本书是必读之作。

——罗伯特·S. 塞纳（Robert S. Seiner）
KIK 咨询与教育服务公司总裁兼院长

作为数据社区和教育公司的创始人,我接触过无数关于数据战略的文献和内容,这本书堪称真正的变革之作。这本书出色地填补了数据专业知识与以人为本方法之间的鸿沟,实现了众多数据领导者梦寐以求的平衡。无论你是在初创公司还是财富 500 强企业工作,这本书都将重塑你对数据治理的认知,并聚焦那些能将项目提升到新高度所需的软技能。

——菲利普·布莱克(Philip Black)
DataQG 创始人兼 CEO

当冯天凯告诉我他撰写了一本关于"重塑数据战略:人性力量激发数据竞争力"的书籍时,我立刻意识到,没有人比他更适合探讨这一主题。天凯拥有通过文化、音乐或数据将人们团结起来的独特能力,这种能力使我们变得更加卓越。对于任何希望将以人为本的理念置于其数据战略核心的人士而言,这本书无疑是必读之作。

——克里斯·布朗(Chris Brown)
作者的朋友兼同事、数据治理专家

数据战略正迅速成为现代商业的关键支柱。当下面临的一个问题是,由于未能平衡数据领域特有的技术、文化和流程,许多数据战略未能达到预期目标,业界长期以来一直在寻求一种更全面的方法来应对这些挑战。冯天凯积极地以清晰且极具说服力的行文风格迎接了这一挑战,为现代领导者提供了一条稳定可靠的路径,使他们能够开始从数据中获取真正的价值。

——艾米莉·戈尔岑斯基(Emily Gorcenski)
Thoughtworks 欧洲数据与人工智能服务线负责人

这本书是一部指导数据战略的杰出之作,它巧妙地平衡了技术与人的层面,突出了人在推进数据计划中的核心作用。冯天凯提出的 5C 框架——胜任力、协作力、沟通力、创造力和道德意识——为我们提供了一个与有效数据管理核心理念深度共鸣的全面框架。

这本书的一个显著特点,也是我个人极为赞赏的一点,是它对数据战略中人性面的强调。通过聚焦数据计划成功所必需的内在动机和协作精神,它强调了同理心、信任和持续学习的重要性。作者致力于将数据战略转变为不仅是技术活动，而是以人为中心的过程，这在当今数据驱动的世界中显得尤为重要。

《重塑数据战略：人性力量激发数据竞争力》对所有数据管理者都极具价值，它不仅适合资深专家，也适合行业新手。对于那些希望采用以人为本的方法来强化其数据战略并实现真正可持续成功的人士而言，这是一本必读之作。

——乔治·菲里坎（George Firican）

LightsOnData 创始人、数据治理讲师和专家

数据问题在本质上是人的问题，本书深刻地探讨了这个核心议题——人及其对数据的态度和方法。但真正触动我的是，书中将数据科学家称为"她"。这个措辞让我感到被看见和被听见，这是向包容性迈出的一大步，对于激励包括年轻女孩在内的所有女性来说极为重要。谢谢你！

——苏珊·沃尔什（Susan Walsh）

Classification Guru 创始人兼执行董事

《重塑数据战略：人性力量激发数据竞争力》是一部所有数据领域的从业者和技术爱好者的必读之作，它迫使我们重新审视我们与数据的关系，将最终客户、服务对象以及人的因素置于核心位置。每一次数据对话，都是对人性的一次深刻转变！

——佩德罗·卡多佐（Pedro Cardoso）
被誉为"数据忍者"（the Data Ninja）、
数据与人工智能领域的意见领袖、
Syniti 全球数据战略总监

数据战略的成功很大程度上取决于人性因素。无论数据看起来多么客观和技术化，在数据的生命周期中，总有人的参与。认识到这一点对有效实施数据战略至关重要。

——奥勒·奥莱森·巴涅（Ole Olesen Bagneux）
The Enterprise Data Catalog 作者

致 Sky 与 Cloud——时光终将化解你们的疑惑。

致 谢

我一直热爱数据工作,并乐于与他人分享我的经验和见解。能够撰写一本关于数据领域我最喜爱的方面——人文因素的书籍,对我来说无疑是梦想成真。这一成就并非偶然,我很幸运身边一直有人支持和鼓励我继续前进,我要向所有这些人表达我最诚挚的感谢。

衷心感谢我的家人——我的妻子李岩(Yan Li)和我的两个儿子 Sky 与 Cloud,你们的爱与支持是我前进的动力。没有你们,我不可能走得这么远。我在此承诺,我将努力弥补那些因撰写这本书而未能与你们共度的夜晚和周末。

衷心感谢我的父母——冯奎元博士(Dr. Kuiyuan Feng)和田露博士(Dr. Lu Tian),你们一直希望我获得博士学位,成为一个知名的、发表作品的专家。尽管我没有按照你们的期望获得博士学位,但现在我已经成为一个知名的数据专家,并且出版了这本书。

衷心感谢我一生的挚友——Adam Janisch、Hen-Ju Sophia Song、Magnus Kalass 和 Jan Werner,我们一起学习,一起成长。现在,我想与你们分享我成年后迄今为止最大的成就。感谢你们的友谊,让我意识到做自己就是成为最好的自己。

衷心感谢我童年的钢琴老师——Jutta Dobbertin,你的悉心指导不仅培养了我在钢琴练习方面的纪律性,更是激发了我的持续创造力。正是音乐的领悟力与我对数据的热情相结合,引领我走到了今天。如今,我荣幸地成为一名图书作者!

衷心感谢我的前任领导——Lars-Alexander Mayer、Andreea Niculcea、Blake Stonebanks、Jacques Ohannessian、Jasmin Herrmann、Jonathan Cavalier 和 Michelle Robertson,是你们的鼓励和指导,不断推动我追求卓越、扩大影响力。没有你们的支持与信任,我不可能拥有撰写本书的自信。

衷心感谢我的前任同事兼现任挚友——Christopher Lewis、Jun-Seo Lee 博士、Robert Farouk-Butze、Krys Burnette、Adrian

Sennewald、Jana Nübler、Agnieszka Chruszczow、Chris Brown 和 Petra Lehoczky，我们一起经历了无数工作的日夜、共同的欢笑和挑战，但最重要的是，在我最需要的时候，你们给予了我支持。你们的陪伴是我保持力量和乐观，完成这本书的动力。

衷心感谢我的现任同事——Emily Gorcenski、Kelsey Beyer、Javier Molina Sanchez 和 Lauris Jullien，我感谢你们在 Thoughtworks 的卓越合作，使我得以展现真正的自我，并因我的人性化价值驱动方法而受到重视。

衷心感谢我的 DAMA 德国的朋友——Frank Pörschmann、Ekkehard Schwarz、Christian Hädrich 和 Karen Gärtner，我非常荣幸能与你们一起在德国建立数据管理社区，未来我们还有更多美好的事情值得期待。

衷心感谢与我同行的思想领袖和受人尊敬的专家——Laura Madsen、Robert S. Seiner、Scott Taylor、Nicola Askham、Katharine Jarmul、Ole Olesen-Bagneux、Philip Black、Susan Walsh、George Firican 和 Pedro Cardoso，你们渊博的知识、独到的见解和鲜明的个性每天都为我带来无尽的启发。

衷心感谢 Bilge Gizem Yakut，感谢你对我领导力和专业知识的信任，是你在我有机会之前就鼓励我撰写这本书。

衷心感谢史蒂夫·霍伯曼（Steve Hoberman），感谢你提供这个千载难逢的机会，帮我将本书出版。

推荐序

能为这本即将彻底改变我们数据战略思维的著作作序，实属荣幸。《重塑数据战略：人性力量激发数据竞争力》由我的好友兼前同事冯天凯撰写，它深刻探讨了数据与人文体验的交汇点。

我清晰地记得我们几年前首次面对面交流的情景，那发生在一次午餐时。在我们的对话中，我分享了我的观察：天凯凭借其非凡的才能和洞察力，似乎注定要在数据治理领域大展宏图。他的热情和好奇心显而易见，他热情地回应了我的这个想法。自那以后，我目睹了他巧妙驾驭数据的复杂性的过程，其能力实在令人赞叹。

天凯一直展现出独特的能力去接纳变化和迎接挑战。他的方法不仅限于会议演讲和在线视频等可见范畴，更在于他能够真正地与人建立联系，引导他们轻松地探讨那些通常超出他们舒适区的话题。这种天赋在他的数据处理方法中同样显而易见，他不仅运用技术专长，还融入了深刻的人性理解来处理数据。

在当今世界，数据变得越来越重要，它是一种非常重要却经常未被充分利用的资产。许多读者亲身经历了技术从一个简单的支持功能到许多组织的核心支柱的演变。这一演变历经多年，并且在某些领域仍在继续。然而，关于数据重要性认知的转变——其结构和拥有与目标匹配的数据战略的影响——虽然起步较晚，但正在以指数级的速度发展。新的技术能力为数据带来了令人振奋的新机遇。拥有良好的数据战略与忽视数据战略之间的差异是显著的。具备明确定义的数据战略的组织能够有效地利用数据资产，以促进创新、加强决策过程，并在竞争中占据优势。这些组织能够准确预测市场趋势，实现客户体验的个性化，并提升运营效率。相对地，缺乏坚实数据战略的组织则面临诸多挑战。它们常常在数据孤岛、数据质量不佳和错失关键机会等问题上挣扎。这些问题导致了效率的降低、风险的增加，并迫使这些组织在面对挑战时采取被动应对策略，而非主动出击。

即便不知道这本书的作者是谁，我也能第一眼认出这是冯天凯的作品。他的个人风格贯穿全书，与读者建立起个人层面的连接，让复杂的主题变得通俗易懂。在数据领域，我们往往首先关注数字和算法，而非人与人之间的互动。然而，天凯在这本书中巧妙地挑战了这一传统观念，强调了人际关系在数据战略中的核心地位。

这本书是个人故事与理论见解的结合体，引导你了解并深入"5C 框架"。

1）胜任力：赋予每个人以正确的知识，涵盖商业、数据和技术专长，通过激发学习、成长和人际连接的内在动机，培养领导力和自信心。这将营造更强大的数据文化。

2）协作力：通过透明度、责任感和共享目标，激发内部和跨职能的协作。天凯倡导那种重视解决问题、鼓励尝试、接受主观性的工作方式，而非强加人为的客观性。

3）沟通力：运用专注于特定受众对象的叙述方法，表达不可否认的商业价值和个人回报，并为积极的和被动的贡献提供持续的动力，以促使数据工作取得成功。

4）创造力：为主动的和被动的创造提供动力、环境与奖励，从而在数据运营和技术中实现持续改进与创新。

5）道德意识：依托跨职能的决策机构，充分运用批判性思维和人类判断，为数据工作满足安全、合规、伦理的底线要求提供有力保障。

天凯的职业生涯彰显了他的奉献精神和专业技能。他在处理多样化的数据资产方面积累了丰富的经验，从电子商务数据、消费者洞察等小规模应用场景到跨国背景下的产品数据等大规模应用场景，天凯都充分展现了数据的全方位潜力。他在跨国公司中驾驭数据的复杂性，协调多部门合作，并利用数据洞察支持高级管理层的智能决策。他的创新思维和致力于在人类层面上建立连接的承诺，使他作为领导者和有远见的思想者在同行中脱颖而出。如今，在咨询角色中，天凯完全有能力将他丰富的经验和以解决方案为导向的方法分享给不同行业的公司。他支持这些组织开发可扩展的数据解决方案，使它们能够充分释放数据潜能，进而推动有意义的、以数据为核心的转型升级。

这本书精心设计了内容结构，旨在引导读者深入理解数据战略的精髓。全书各章节环环相扣，每一部分都以前文内容为基础，逐步构建起一个逻辑严密且引人入胜的叙述框架。读者将获得从理论框架到实际操作的全方位见解，这使得这本书成为所有对数据领域感兴趣的读者的宝贵资源。

在数据重要性日益增强的当下，这本书的出版恰逢其时。天凯在这本书中深入剖析了当前的数据趋势和挑战，并提出了一系列创新且实用的解决方案。他采用技术专长与人性特质巧妙结合的方式，为读者呈现了一种新颖、必要的数据战略视角。

在阅读这本书的过程中，你不仅能从天凯的专业知识中获得教益，更能体会到他对人际连接和简化复杂概念的深厚热情。在这本书中，他将个人经历与专业见解巧妙融合，这种融合将激励并促使你用"感性之心"和"理性之脑"来激发"数据之力"。

我诚挚地邀请你深入探索这本书,并将书中的宝贵经验应用于你的工作与生活实践之中。天凯的智慧和指导无疑将引导你更加深入地理解数据及其无限潜力。现在,你准备好踏上这段探索之旅了吗?

雅斯敏·赫尔曼(Jasmin Herrmann),
高级 IT 风险、合规、治理和安全执行官,
专注于跨国公司的转型项目和战略落地

译者序

在数字技术飞速发展的今天,我们见证了数据量的爆炸式增长,这些海量数据资源如同人工智能的燃料,推动了技术的加速革新,形成了强大的正向反馈循环。这一循环不仅释放了数字经济时代的潜力,也为数据产业的增长和繁荣打下了基础。2024年12月,国家发展改革委等六部门联合发布《关于促进数据产业高质量发展的指导意见》,提出"到2029年,数据产业规模年均复合增长率超过15%"的目标,深刻体现了对数据价值释放的迫切需求和创造国家竞争优势的决心,也预示着数据产业即将开启全新的发展征程。

随着数据产业迈入全新发展阶段,数据战略的重要性愈发显著。作为数据领域的专业人士,我们肩负着推动数据战略知识更新和实践应用的重任。为了帮助你更高效、更有效地制定和实施数据战略，充分挖掘内外部数据的潜力，以优化决策流程、提升运营效率、推动商业模式创新，进而维持或重塑组织的竞争优势，我向你推荐冯天凯先生的这本书。

冯天凯是 Thoughtworks 欧洲的数据战略与数据治理负责人，拥有超过 11 年的数据分析、治理和战略领域的丰富经验。他对数据的人文层面充满热情，并通过音乐和幽默等创新手段，使数据更加易于理解、亲切和有趣。2023 年，他曾以《人类价值观如何塑造人工智能的未来》（*How human values will need to shape the future of AI*）为题在纽伦堡发表 TEDx 演讲。

这本书倡导用人的"感性之心"去理解数据，用"理性之脑"去分析数据，最终激发"数据竞争力"。书中创新性地提出了数据战略的 5C 框架——胜任力、协作力、沟通力、创造力和道德意识。冯天凯以其精炼而深刻的思想和幽默而诙谐的文字，巧妙地将个人经历与专业洞察力融合，采用逻辑严密且引人入胜的叙述方式，生动地展现了数据战略中的人性化元素。人的因素是数据战略中最宝贵的资产，因为人不仅是数据的创造者和使用者，更是其最终的受益者。期待在冯天凯的引领下，你我共同踏上一段轻松愉悦的探索之旅。

特别地，我要向几位关键人物表达我的诚挚感谢。首先，衷心感谢冯天凯的深邃见解和独到视角，他为我们在数据专业技能与以人为本的方法之间搭建了一座新颖而坚固的桥梁；其次，衷心感谢史蒂夫·霍伯曼先生的热心协调，使得这本书的英文版和中文版得以顺利出版；第三，衷心感谢机械工业出版社编辑李晓波老师和全球数据资产理事会总干事林建兴先生的大力支持，使得这本书能够以简体中文的形式触及更广泛的读者群体；最后，也是最重要的，衷心感谢正在阅读这本书的你，是你的选择让这本书的价值得以实现，也是你的阅读和实践让数据战略的人性化理念得以传播和应用。

为了向你呈现冯天凯的独特视角、深刻见解和深厚热情，在翻译这本书的过程中，我努力保持了原作的语言风格。机械工业出版社的编辑凭借其对品质的执着追求和专业、细致的审校工作，进一步提升了这本书的质量。若有不妥之处，欢迎各位读者提出宝贵的意见和建议，以便我们不断改进。你可以通过电子邮件 markmind@163.com 与我们交流这本书相关的信息，再次感谢！

丛兴滋

2025 年 1 月 1 日 于北京

前　言

我们共同拥有的人性是我们所有角色和互动的基石。无论是作为读者、客户、利益相关者、供应商、合作伙伴、同事，还是我们试图分析其数据的客户，我们都是情感丰富、行为复杂的人类。

在追求分析型、理性的、基于事实的决策——即所谓的数据驱动型决策——的过程中，我们往往忽视了人类情感的复杂性及其不可预测性。简而言之，创造一个完全中立和客观的真相是一项不可能完成的任务。尽管如此，我们仍然倾向于将数据和分析视为实现"基于事实的决策"的唯一途径，并将数据视为终极的、无可争议的真相。

在数据的生命周期中，从收集到处理、转换、消费和解释的每一个环节，人类的决策都在不断地引入偏见。机器学习和人工智能等尖端技术不仅可能放大这些偏见，还可能加速这些偏见性结论的应用，同时使它们变得更加不透明。

此外，人类固有的特质也常常导致在领导、管理和指导数据团队及职能时出现效率低下的问题。我们往往未能深入挖掘并解决根本问题，而是急于得出需要进一步重组或更换公司高层领导的结论。

传奇的人权活动家玛雅·安吉罗（Maya Angelou）曾经深刻地指出："我深刻地认识到，人们可能会忘记你说过的话和做过的事，但他们永远不会忘记你带给他们的感受。"当我们回顾与我们合作过的每一个人时，这一观点的深刻性变得愈发明显。我们更有可能记住他们的举止和个性，而非他们说过的具体话语或采取的具体行动。

因此，我们应当重新评估数据战略中的"人"因素，不再将其视为潜在的弱点，而是开始将同理心、同情心以及对人类动机的深刻理解等人类特质融入其中。这种转变不仅有助于我们构建更为全面和有效的数据战略，而且能增强我们与数据互动时的人性化体验。

数据如今受到了前所未有的关注，这主要归结于以下几个因素。

1）数字化转型的加速：这不仅加快了数据项目的运行速度，也增加了其复杂性。

2）数据素养与数据民主化的进步：这使得组织内的个人能够利用数据创造有趣的新项目，但也可能导致数据使用透明度的降低。

3）政府机构对人工智能风险的认识：政府机构开始认识到与人工智能相关的风险，并着手通过制定法规来规范企业行为。

4）新兴技术的重大进展：诸如人工智能、云存储等技术的发展，使得数据处理能力变得前所未有地强大。

所有这些趋势表明，数据处理应更加审慎、有序和安全。换句话说，我们需要一个数据战略，以降低风险，同时最大化收集、分析和使用数据的收益。

人员、流程和技术三者必须协同工作，数据战略才能发挥效力。然而，与人打交道是最具挑战性但也是最具成就感的部分。从个人经验来看，让一群人共同努力实现同一目标，比发布一个新的仪表板功能更有成就感。

每个人都是独一无二的，由我们独特的家庭背景、成长经历和生活体验塑造而成。

我出生在德国，父母是中国移民，他们来到德国攻读工程学博士学位，后来决定永久定居。在成长过程中，我常常是学校或任何社区中唯一的亚洲面孔，因此我变得外向、喧闹且幽默，以打破人们对亚洲人的刻板印象，更容易融入其中。

在我的整个童年（实际上，即使现在作为成年人也是如此），我一直在德国人和中国人之间经历着身份危机。我不仅经常被问到更像中国人还是德国人，常常还会被以"另一种身份"来评判。例如我不准时，就被认为不够德国；如果我乒乓球打得不够好，就被认为不够中国。这让我在任何环境中都感到像个外人。虽然我习惯了感到与众不同，但我也将此视为适应和与他人建立联系的动力。同时，我遵循父母的教导：要在生活中取得成功，就必须在学校里取得成功，因此我在数学和科学课程中总是获得优异的成绩。

我之所以分享这些经历，有以下三个原因。

1)我们的经历使每个人都是独一无二的,采用一刀切的方法来引导他人是行不通的。

2)我们从自身的身份中了解到,事情并非黑白分明,因此即使在数据领域,我们也需要承认这一点。

3)我自己的经历让我对让数据成为一个更具包容性和成就感的工作领域充满热情——本书旨在实现并激励这一目标。

因此,在本书中,我希望你作为读者能够有以下几点收获。

1)解码使数据战略更"人性化"的关键领域。

2)更加关注日常生活中的人性因素。

3)运用框架来评估和改善你的数据战略。

你准备好深入探索数据战略中的"人性"层面了吗?请系好安全带,让我们马上开始这段旅程吧!

目 录

赞 誉

致 谢

推荐序

译者序

前 言

第 1 章 数据战略 5C 框架 ················· 1

第 2 章 胜任力（Competence） ············ 6

2.1 数据素养与商业洞察能力 ············ 9

2.2 从理论到实践之不忘所学 ············ 12

2.3 "企业大学"贯通理论与实践 ·········· 14

2.4 领导技能不等于专业知识 ············ 17

2.5 自信在能力塑造中的利弊 ············ 19

2.6 数据工作涉及的"角色帽子" …………………… 22

2.7 职业发展路线与岗位转换 …………………… 24

2.8 人力资源是关键合作伙伴 …………………… 26

第3章 协作力（Collaboration） …………………… 27

3.1 如影随形：协作力与人才生命周期 …………………… 28

3.2 捷径误区：简捷的不一定是正确的 …………………… 30

3.3 正确的事：质量的共识化与自动化 …………………… 33

3.4 价值共创：数据协作的第三种选择 …………………… 35

3.5 生命之环：数据生命中的关键角色 …………………… 39

3.6 追随痛感：以影响为驱动力的方法 …………………… 43

3.7 追本溯源：引发数据问题的三剑客 …………………… 45

3.8 追光而行：数据宗旨指导战略选择 …………………… 47

3.9 步步为营：志存高远不忘脚踏实地 …………………… 51

3.10 响应变化：临时请求与需求管理 …………………… 53

3.11 提振士气：即时激励阶段性进展 …………………… 55

3.12 取长补短：充分发挥社区的效用 …………………… 56

3.13 以身作则：为数据文化树立榜样 …………………… 58

3.14 无信不立：信任感的传递与强化 …………………… 60

第 4 章 沟通力（Communication） …… 62

4.1 构建组织和个人层面的价值框架 …… 64

4.2 讲述故事以获得认同并减少阻力 …… 66

4.3 运用幽默的艺术来增强影响力 …… 68

4.4 通过识别角色管理利益相关者 …… 71

4.5 事前预防用于纠正"行动谬误" …… 74

4.6 反馈作为衡量成功的一种方式 …… 76

4.7 现实的乐观主义与有毒的积极性 …… 77

4.8 有意识的沟通需要提前规划 …… 79

第 5 章 创造力（Creativity） …… 82

5.1 要理解创造力的多样性 …… 84

5.2 为创造力营造有利环境 …… 87

5.3 将创造力视作一块肌肉 …… 88

5.4 将反思作为灵感的源泉 …… 90

第 6 章 道德意识（Conscience） …… 92

6.1 乐观是积极求变的催化剂 …… 93

6.2 数据风险的四大关键类型 …… 95

6.3 跨职能监督强化道德意识 …… 97

6.4 关注多样性、公平性和包容性 ………………………… 99

6.5 数据的可持续性创造美好未来 ………………………… 100

第 7 章　付诸行动 …………………………………………… 103

结束语 ………………………………………………………… 109

参考文献 ……………………………………………………… 111

明确定义数据战略之后,组织才能更加有效、高效地利用数据资产。本书提供了多种思路,探讨如何使现有的数据战略更加人性化。作者结合个人经历和专业洞察力提出一个简洁而有力的 5C 框架——胜任力、协作力、沟通力、创造力和道德意识——深刻揭示了数据战略人性化的一面,深入探讨了如何在组织中构建卓越的数据战略。本书共 7 章,第 1 章开宗明义地提出了数据战略 5C 框架;第 2~6 章逐项深入解读 5C 框架的核心维度;第 7 章以问卷的形式给出了行动指南。

本书对所有数据管理者都极具价值,它不仅适合资深专家,也适合行业新手。对于希望采用以人为本的方法来重塑其数据战略并实现真正可持续成功的人士而言,本书是一本必读之作。

第 1 章

数据战略5C框架

在撰写本章之初,我希望以一个关于数据战略定义的精炼阐述作为开端。经过一番研究,我意识到关于数据战略的含义并没有一个普遍认同的看法。尽管如此,这些定义中还是存在一些共通之处:长期规划、人的参与、流程、技术,以及信息和数据的管理。

我坚信采取一种更具战略性的方针来统筹管理所有的数据计划是至关重要的。在当今这个信息爆炸的时代,企业无一例外地在生成、收集、处理和利用海量数据。因此,我对数据战略的定义如下:

数据战略是一项着眼于长远的规划，它明确了创造、处理和利用数据所需的人员、流程与技术，旨在以一种有意义、安全和透明的方式推动价值的实现。

到目前为止，一切顺利。但根据我的实践经验，数据战略未能成功实施主要归咎于以下五方面的原因。

1）数据素养没有引起足够的重视：这导致许多人在日常工作中并未真正"采纳"数据进行工作。

2）孤岛式工作方式的持续存在：数据工作未能打破部门间的壁垒，有时甚至因为区分"我喜欢数据"与"我不喜欢数据"而致使问题升级。

3）对数据的处理和管理缺乏清晰的认识：这让许多人因为无从下手而感到沮丧，人们不愿参与其中。

4）数据工作被视为苦差事：数据工作常被视为单调乏味的任务，缺乏吸引力和动力。

5）数据引发过多重大问题：这些问题往往升级至组织的最高领导层，使得讨论数据变得如同在雷区行走。

为了使数据战略中人的因素更加易于理解、记忆，并通过解决前述问题提升可操作性，我将数据战略中的"人的因素"部分细化为五个核心维度，称之为"5C"框架（见图1.1）。

图1.1 人性化数据战略5C框架

1）**胜任力（Competence）**：通过激发学习、成长和人际连接的内在动机，为每个人都配备适当的商业、数据和技术知识，以此提升数据文化水平。

2）**协作力（Collaboration）**：通过透明度、问责制和共享目标来激发部门内及跨部门协作，同时建立以问题解决为核心的工作方式，鼓励创新性实验探索，在专业判断中保持适当的主观灵活性，避免机械追求表面客观性。

3）**沟通力（Communication）**：运用专注于特定受众对象的叙事结构进行沟通，传达不容置疑的商业价值和个人回报，并提供持续激励以促进主动和被动的贡献，从而确保数据工作取得成功。

4）**创造力（Creativity）**：为主动的和被动的创造提供动力、环境与奖励，从而在数据运营和技术中实现持续改进与创新。

5）**道德意识（Conscience）**：依托跨职能的决策机构，运用批判性思维和人类判断，为数据工作满足安全、合规、伦理的底线要求提供有力保障。

你可能会问："但等等——你深入探讨了数据战略的人文部分，那么流程和技术方面呢？"嗯，实际上，我描述的人文方面也对流程和技术产生了影响。

尽管自动化取得了显著进展，我们仍然需要人类来监督与数据相关的一切。这是因为我们对机器的信任尚未达到让它们取代人类批判性思维的程度，这适用于任何业务流程或数据相关流程。后续章节我们将详细讨论，毫无疑问，这将涉及流程以及人类在其中扮演的角色。

在谈到技术时，我坚信每项技术都是一种工具。不管一些供应商和提供商的话术究竟如何，技术的目的都不是替代人类，而是促进人类的工作并帮助他们实现目标。数据发现和审批数据变更请求是两个虽不常见但极为耗时的任务，它们属于技术可以发挥作用的领域。技术不仅适用于处理常务性和重复性的烦琐任务，而且现在也能够扩展到更广泛的应用场景。技术术语，如"用户体验""协作功能"和"AI赋能的自动化"，通常强调了人的元素，如果这些技术能够融入我在前文提及的数据战略人文方面的能力，那么将是极好的。

在后续章节中，我们将深入探讨构成"5C"框架的5个核心要素，并提供实例和实际操作指导。

| 第 2 章

胜任力（Competence）

或许在生命的某个时刻，你曾听到过这样的开场白："我不是这方面的专家，但是……"被称为"专家"往往暗示着学习已经终结。然而，在我看来，这句开场白恰恰是一个美好的信号——它表明发言者已经领悟并践行了谦逊这一根本准则，这与大众的普遍认知形成了鲜明的对比。

在数据领域实现知识和自信之间的平衡尤为困难。因为这个领域不仅极其繁杂，而且正以令人眩晕的速度成长。在特定领域内承认你的知识局限性，并根据你掌握的知识和现实经验提供解决方案，展现了一种健康的自信。这表明你可以在不担心反对意见的情况下勇于表达自己的观点，而反对意见本身，往往正是学习和成长的绝佳途径。

这正是数据战略中胜任的真谛——持续学习，自信地行动，同时能够认识到并承认自身的不足，从而让更有经验的人做出决策或帮助你做出正确的决策。

做出正确决定的基本含义是：通过开发和复用数据来改善决策，从而最大限度地利用数据，因为数据应该被视作一种资产。然而，决策的类型和数据的可用性共同决定了决策改善的程度。

在我看来，随着数据影响力的增强，决策可以被划分为以下四种类型（见图 2.1）。

- **经验依赖型（Experience-based）**：这类决策完全基于个人的经验和专业知识，常称为"直觉决策"，但我们不应低估人类直觉和本能反应的价值。例如，制定一个全新颠覆性产品的市场进入策略。
- **数据启发型（Data-inspired）**：决策间接受到数据的影响。虽然没有直接与决策相关的洞察力，但决策者可以从其他见解中推断出可能的正确选择。例如，在经验数据较少的情况下，成为一个新的销售渠道的早期采用者。

- **数据辅助型**（Data-informed）：决策建立在直接相关的数据洞察力之上。事实与人类专业知识相结合，共同指导正确的决策。例如，根据以往类似活动的领悟发起市场营销活动。

- **数据驱动型**（Data-driven）：决策完全基于数据规则自动化，不再涉及人为监督。例如，电子商务中的动态定价机制。

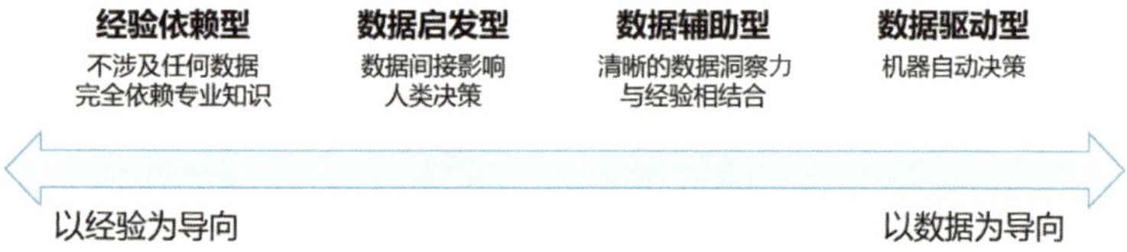

经验依赖型	数据启发型	数据辅助型	数据驱动型
不涉及任何数据完全依赖专业知识	数据间接影响人类决策	清晰的数据洞察力与经验相结合	机器自动决策

以经验为导向 ←——————————————→ 以数据为导向

图 2.1 决策的四种类型

数据战略的核心目标在于增强数据在人类决策过程中的作用。尽管如此，数据绝不可能完全取代人类的批判性思维。相反，其角色应当是辅助性的。至关重要的是，我们必须找到数据应用与人类判断之间的平衡点，并在当前及未来对决策保持审慎的态度。

2.1 数据素养与商业洞察能力

近年来，一个名为"数据素养"（Data Literacy）的关键术语日益受到关注，并变得愈发重要。数据素养被定义为"阅读、使用、分析和交流数据的能力"[1]。

为整个组织配备基本的数据理解和应用能力是一项宏伟而持久的挑战。然而，我认为，仅仅强调这一点可能会显得片面，并且对于非数据专业人士来说，可能会有高高在上之感。如果期望所有员工和领域专家都通过学习成长向数据领域迈进，那么数据专家难道不应该同样向商业专业知识领域迈进，以实现双向奔赴吗？

因此，我坚信，单纯的数据素养培训是不够的。我们必须同样重视对数据专业人士进行商业洞察能力的投资，以适应组织中不断变化和演变的角色。

如果遵循通过授权业务部门负责其数据价值创造来实现数据工作去中心化，那么数据素养和商业洞察能力就变得比以往任何时候都更加重要，我们必须充分认识到这一点。

那么，数据素养和商业洞察能力应涵盖哪些内容？根据里兹戴尔（Ridsdale）等人的研究[2]，如图 2.2 所示，数据素养被界定为包含五个关键知识领域：概念框架、数据收集、数据管理、数据评估和数据应用。

领域无关	产品	销售	其他领域
概念框架			
数据收集			
数据管理			
数据评估			
数据应用			

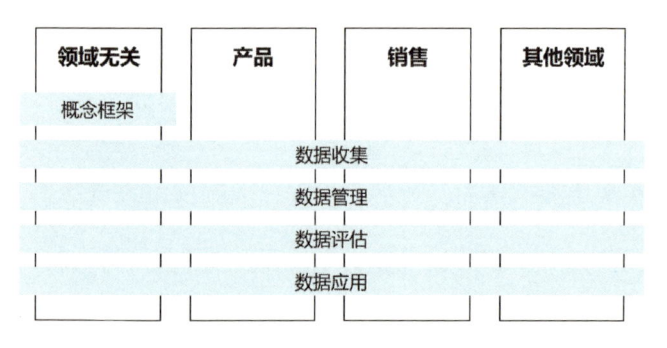

图 2.2　数据素养的五个关键知识领域

随着在数据生命周期中深入并进入组织特定领域,数据就变得更具情境性与敏感性。这表明,数据素养和商业洞察能力的培养不应过度依赖外部资源,至少不能完全外包。然而,完全依赖内部资源执行所有的技能提升和学习计划也需要巨大的成本投入,并非所有公司都具备这样做的财务灵活性。

因此,一个有效、高效且可扩展的策略是,将内部对理论概念的实践应用与外部提供的现场互动式课程和定制化学习材料相结合。这种方法既能保证参与性和信息量,又能节省成本。

拥有一个"以人为本"的数据战略意味着有意识地投资于每个使数据变得有价值的个体的成长和能力提升,这包括增强数据专业人士的商业洞察能力和提升其他职能协作者的数据素养。

仅依赖于个人的主动学习是不够的——因为并非每个人都能意识到有权利利用工作时间去"学习"而非"做事"。即使他们确实进行了学习,也可能无法掌握成功实施数据战略所需的关键知识。

例如，当一位创建 Power BI 仪表板的数据分析师学习公司财务部门的决策过程，而控制部门的关键利益相关者却选择学习 Python 机器学习模型编码时，虽然他们各自提升了所选领域的技能，但这并不能直接提高仪表板的采用率或其价值。相反，如果在财务领域内有意识和同步地提升数据素养与商业洞察能力，并且这些提升是依据数据战略中定义的内容和时间表进行的，可能会更加有助于促进跨部门的合作。

2.2　从理论到实践之不忘所学

学习新知识和新技能固然重要，但如果不能付诸实践，很快就会将其遗忘。根据 19 世纪德国心理学家赫尔曼·艾宾浩斯（Hermann Ebbinghaus）提出的"遗忘曲线"（Forgetting Curve）理论，我们会在一周内忘记 90% 的新信息，除非我们对所学内容进行强化[3]。

加强新知识和新技能的最佳途径是将理论应用于实践。然而，这一过程并非易事。人们在工作中不尝试新事物的主要原因并非他们不愿意,而是由于缺乏尝试的机会或动力。

领导者应当遵循"学习、实践、执行"的简单框架,着力培育既支持知识获取又强调实践转化并能将其深度融入日常工作的组织文化。

1)学习:提供多样化的学习和培训渠道,并征求反馈意见,以了解哪些内容和形式最受欢迎。

2)实践:在安全的环境中提供实践所学理论知识的机会。团队会议和同伴辅导都是实践的理想方式。

3)执行:将学习和应用新知识纳入工作职责,并根据新技能和知识的创新应用来评估绩效。

以一位数据科学家为例,她学习了一种新算法,并致力于在理论和实践层面提升自己的专业技能。在团队会议中,她分享了自己的新发现,并获得了同事及经理的认可,支持将这些新知识应用于合适的项目中。通过持续的同伴辅导,她增强了应用新知识的信心,并在绩效评估中成功展示了这些新技能的应用,这成为她技能提升的一个重要组成部分。

我们不能单纯依赖员工和同事自发地学习、实践和执行。组织有责任创造一个有利于这些行为的环境。除了满足多样化的学习风格以外，建立一个"安全空间"对于员工在支持性环境中的实践至关重要，这可以通过团队会议和同伴辅导等形式实现。此外，将创新纳入工作职责和绩效评估中，使其成为工作文化的一部分，也是至关重要的。通过支持主动学习活动，并将其作为工作职责的一部分，我们可以持续激励员工的进步。

所有这些决策都应作为"指导原则"纳入数据战略——该战略文件旨在倡导特定的思维方式和行为准则，同时明确所有贡献者和团队成员的优先事项及预期目标。

2.3 "企业大学"贯通理论与实践

在组织中引入"企业大学"理念对提升员工的数据素养和商业洞察能力，以及激发他们对学习、实践和执行的热情具有重要意义。

尽管"企业大学"的概念在表面上显得简洁明了，但其内涵极为丰富，涵盖了模块化学习、团队学习环境、通过游戏化手段提供激励和实践社群四个关键要素。以下是对这些要素的详细说明。

1) **模块化学习**：将复杂的学习主题细化为更小、更紧凑的模块，这种做法不仅减轻了学习者对长期承诺的心理负担，还提高了他们在完成每个模块后获得成就感的频率。这些模块应该在理论和实践两个层面都有明确的目标，确保学员在完成每个模块后都能够将所学知识付诸实践。例如，与其提供一门为期一年的"如何成为数据分析师"的课程，不如设计 12 门为期四周的课程，每门课程都专注于特定的硬技能和软技能，如"Excel 中的基本分析功能"或"将 SQL 应用于财务数据库"。

2) **团队学习环境**：无论是现场课程还是点播课程，构建团队学习环境并积极促进同伴间的互动交流都是至关重要的。团队学习的优势在于，通过经验分享能够增强学习的动力，使得学员能够对彼此的学习进展负责，进而减少中途退出学习活动的风险。例如，可以为特定模块设计团队项目，激励每位成员将他们的实际工作经验带入团队讨论中，以此丰富学习体验。

3）通过游戏化手段提供激励：除了掌握新技能和新知识的实际益处以外，个体也渴望展示自己的智力进步和成就。为此，可以建立一个结构化方法来颁发徽章、证书和特别认可，以此激励学习者。例如，学员在完成每个模块后都将获得一个徽章，作为对其努力的即时认可；而在完成一系列具有共同主题的预定模块后，他们将获得由更高级别领导签署的证书，以此作为对其持续努力和成就的肯定。对于那些在学习过程中进步迅速、高度自律的学员，将在公司全员大会或团队会议上给予特别的认可，以此表彰他们的卓越表现。

4）实践社群：学习与团队互动不应当随着特定模块的结束而终止。因此，建立"学友网络"作为实践社群，不仅能增强知识交流，还能有效避免组织中孤岛式工作方式的形成。将这些交流和社区定位为成长的平台，而不仅仅是商业运作，可以内在地激励学员的参与。例如，定期组织现任和有抱负的数据分析师的聚会与论坛，可以促进最佳实践和创新的交流，并帮助成员相互解决现实问题。

你可能正在思考的问题是："这些活动的资金来源是什

么?"这是一个至关重要的问题。简而言之,如何支付员工培训和发展费用应成为所有数据战略总体预算投入讨论的核心组成部分。

另一个关键因素是,我们不应急于将"企业大学"作为一个庞大的项目来启动。通过单个模块和学习小组进行试点,不仅能让启动阶段更具成本效益,还可以视作施行"企业大学"计划的概念验证(POC),增强大家对项目的信心,并为"企业大学"计划的顺利落地提供宝贵的见解。

赋予员工正确的知识和技能,应该可以激发他们成为更积极的创新者,并减少对变革管理的抵触情绪。总体而言,将"企业大学"纳入数据战略应被视为一项关键投资,其回报将会体现在创新和变革采纳的速度提升上。

2.4 领导技能不等于专业知识

我的小学音乐老师曾带领全班同学参观当地乐团,并让我们站在自己最喜欢的乐器旁边以增加活动的趣味性。孩子们纷纷选择了小提琴手、小号手等音乐家身后的位置，而我则站在了指挥家后面。

在我看来，指挥棒是最神奇的"乐器"——一根能够通过挥动控制其他乐器的棒子。指挥家可能认为我的选择很有趣，于是将指挥棒交给了我，并引导我的手来指挥整个乐团。那天我不仅玩得很开心，也学到了重要的一点：领导与亲自执行是截然不同的。

我们常常将那些在专业领域表现出色的人提拔到涉及人员管理和领导责任的岗位。然而，我们往往太晚甚至永远不会意识到，成为某个领域的专家并不意味着你就知道如何领导他人。

尽管有多种方法可以传授和辅导领导技能，但更重要的是，这些技能应该是评估人们是否准备好晋升到领导角色的一部分。评估不应仅来自直接上司，还应基于同事、合作者、利益相关者和下属（如果存在）的全面审查。

我们经常听到关于数据领导者的恐怖故事，他们可能过度管理、过于激进、在设定方向时不够果断，或者在冲突时期未能适当保护团队成员。这并不完全是他们的错，因为我相信他们都在做他们认为正确的事情——他们只是缺少数据领导力的最佳实践参考。

在推进人员赋能型数据战略的过程中，我们迫切需要服务型领导者。这些领导者能够巧妙地平衡"通过数据创造价值"的战略目标与"赋能专家通过主动参与数据工作以充分释放其潜能"这两方面的关系。这些正确的领导行为和相关的反馈机制也应被纳入数据战略的"指导原则"体系。

2.5 自信在能力塑造中的利弊

当我们在某一专业领域取得进展时，我们的能力随之提升，并准备转化为具体的行动。成功实现这一转变的另一个关键要素是自信——即对自己技能，以及做出正确决策和采取适当行动的信心。

在探讨自信与能力之间的相互关系时，有两个相关的认知偏差需要被识别并视为潜在风险。

1) 达克效应（Dunning-Kruger Effect）[4]：它描述了

一种个体在能力较低时表现出的不切实际的过度自信的现象。(低能力者自我膨胀,可称之为拙者称雄——译者注。)

2) 冒名顶替综合征（Imposter Syndrome）[5]：它描述了一种个体在能力较强时却伴随着自我能力的低估,感到自己不配拥有当前的成就或地位的现象。(高能力者自我贬抑,可称之为能者自囚——译者注。)

将这些概念放入能力与信心的定性图表中,如图2.3所示,可以清晰地观察到存在一条"平衡"线,能力和信心在这条线上成比例增长。偏离这条线,无论是向更高或更低的自信方向发展,都形成了上述两种心理现象之一。

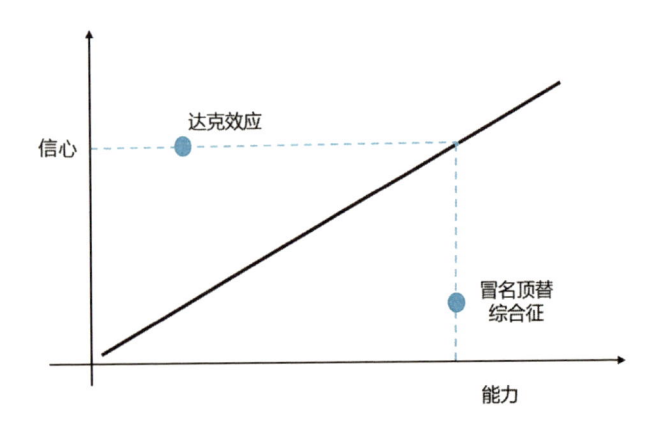

图2.3 达克效应和冒名顶替综合征与"能力、信心平衡线"的关系

第 2 章 胜任力（Competence）

从数据战略的角度来看，达克效应和冒名顶替综合征这两种心理现象可能会带来严重的影响。那些因过度自信而采取行动和做出决策的人可能会导致考虑信息不全面、忽视专家意见，从而在数据相关的问题上做出错误的选择。相反，那些缺乏自信的人可能会因为担心自己的能力不足而害怕做出决策和采取行动，这导致他们不能充分利用人们的专业知识来采取关于数据的最佳可能行动，或者决策被推迟太长时间，最终错失良机。

更重要的是，这两种心理现象深植于个人过去的经历和性格之中，因此很少有人能够独立地反思并识别出它们。

应对这些挑战的关键在于营造一个鼓励诚实和建设性反馈的环境。当个体的自信水平过高或过低时，相互认可成就并提供坦诚的反馈与指导至关重要，这正是践行"指导原则"的良机——既能有效激励符合期望的行为表现，又能强化反馈文化的重要价值。

2.6 数据工作涉及的"角色帽子"

数据领域中有许多明确定义的职位，如数据分析师、数据工程师和数据科学家。这些职位通常要求一系列"硬技能"，如特定的编程语言能力和概念理解能力，而现在它们对"软技能"的要求也越来越高，如沟通技巧或利益相关者管理技巧。这些技能描述了胜任这些角色所需的"前提条件"，但并未具体说明如何应用这些技能。

我认为，识别并描述数据角色中的不同"角色帽子"有助于阐明这些技能应用的场景和目标，并有助于规范合作者之间的互动。

如表2.1所示，当"角色帽子"能够根据具体场景、目标和必需技能得到精确定义时，数据专业人员将能更有效地为成功的互动做准备。将技能应用于日常工作，不仅能加速个人成长，提高任务效率，还能带来实际的商业影响。

从数据战略的角度来看，这些"角色帽子"不仅有助于识别特定职位所需的技能和经验,还能帮助团队成员在需要采取特定行动却缺乏方向时,找到提升和辅导的机会。

表 2.1 数据工作涉及的"角色帽子"清单

角色帽子	场景(示例)	目标(示例)	必需技能(示例)
诊疗师 (Therapist)	需求澄清	理解并量化利益相关者的痛点	同理心、积极倾听、访谈、数据沟通
项目经理 (Project Manager)	项目的范围界定和执行	确保项目成功	项目管理、利益相关者管理
谈判专家 (Negotiator)	促进合作共识达成	定义运营模式	同理心、冲突管理
侦查员 (Detective)	数据问题调查	识别根本原因并确定可持续的解决方案	批判性思维、结构化思维、SQL、Python
宣传员 (Communicator)	员工大会演讲	获得更广泛的利益相关者的支持	演示、公开演讲、数据可视化
工程师 (Developer)	编写 SQL 查询代码	定义技术有关业务规则	SQL、工具集合、数据运维(DataOps)
调解员 (Mediator)	处理不同数据协作方之间的冲突	就政策达成一致	冲突管理、同理心、积极倾听

2.7 职业发展路线与岗位转换

理想情况下，员工提升并实践新技能后，通常准备进行岗位转换——无论是转换到不同领域还是晋升到不同角色。现实情况是，人们更多因在当前职位的实践经验而获得认可，而非他们为适应不同环境而习得的新技能。

第一个关键原因是所谓的"另一边"的偏见——即业务人员和数据人员感觉彼此之间存在隔阂，尽管在现实中他们比以往任何时候都更紧密地建立联系。面对这一现实，如果在数据团队中融入更多业务领域的专业知识，同时在业务团队中融入更多数据专业知识，我们便能迅速看到积极的影响——我已多次亲身经历。

第二个关键原因在于"业务"与"数据"世界之间的人才交流难题，这通常与招聘经理的个人动机和目标有关。管理者中存在一种倾向，他们在面对那些在某些领域拥有更深厚专业知识的候选人时会感到不安，对求职者的资质和技能过于苛求，这可能是因为他们倾向于与自己的知识水平进行比较。为了减少这种偏见，建立标准化和包容性的职位评估标准，并由真正的跨职能小组评估候选人，将是一个有效的解决方案。

最后一个关键原因在于，现行的人才和人员战略通常不支持跨职能的岗位转换路径，而是过于偏重同一部门或职能内部的职业晋升。如果公司其他部门的招聘流程过于保守和僵化，即便是数据领域的"特殊招聘文化"，也难以实施。因此，本质上需要一种岗位转换机制，以支持不同程度的人才交流——从工作观摩、短期任务分配，到人员编制转移到其他部门。

为员工规划清晰的职业发展通道至关重要。原因在于，如果员工感觉没有成长空间，那么他们最终会选择离开。在许多情况下，这可能导致企业流失最具进取心和多面能力的人才。因此，消除偏见并建立跨部门人才流动机制，应当成为数据战略中"人文因素"的核心组成部分。

2.8　人力资源是关键合作伙伴

本章探讨的"胜任力"的各个方面均汇聚于一个核心点：它们通常由人力资源（HR）团队来决定和执行。在许多组织中，我看到的主要改进潜力在于，人力资源团队不仅能执行传统的招聘和晋升职能，还能成为推动组织能力发展的关键力量。事实上，与学习、领导力、"企业大学"理念、辅导或指导相关的诸多方面，本就属于人力资源和人事团队的职责范畴。通过充分利用这些同事的现有权限和专业知识，我们可以有效地实现与能力发展相关的目标。这不仅有助于激发跨职能协作的力量，还能增强数据的价值。关于协作的更深入讨论将在下一章中展开。

第 3 章

协作力（Collaboration）

上一章探讨了如何增强个体的胜任力和信心。本章则将焦点转向人际关系和互动的核心——协作力。

在数据领域，协作力的重要性比以往任何时候都更为突出。尽管过去数据团队被看作负责所有数据相关事务的专门机构，但我们逐渐意识到数据实际上是每个人的责任。实际上，那些头衔中没有"数据"二字的人对数据的影响力和掌控力，可能比那些拥有官方"数据头衔"的人更大。

自古以来，协作就是人类行为和文化的重要组成部分。当前组织协作（包括数据工作领域）的失效，实则源于人为构建的权力架构与相互矛盾的激励机制。当下正是转变思维的关键时刻——我们不应继续抑制人类固有的协作需求，而应善加利用，充分释放协作的真正潜力。

让我们深入探讨一些关于数据协作的实际建议。

3.1 如影随形：协作力与人才生命周期

协作技能是与生俱来的人类特质，在数据领域尤为重要。然而，许多人仍需要额外的指导，以了解如何在特定的商业环境中有效运用这些技能。特别是在数据方面，正确地教导和引导人们进行协作至关重要。因此，仅仅定期进行协作辅导是不够的，我们应该关注数据人才的整个生命周期，持续地嵌入数据协作的咨询和激励。

从宏观层面来看，人才生命周期主要分为招聘、入职和绩效管理三个阶段。在每个阶段，我们都会开展不同的活动，以确保个人能够正确地进行协作。

正如著名组织心理学家西蒙·西内克（Simon Sinek）所言："雇用态度，培训技能。"这一原则同样适用于数据领域，改变一个人的思维方式和态度比培训他们具体的硬技能（如编码或工具使用）要困难得多。在面试阶段，我们应评估候选人在数据协作方面的同理心、团队合作和冲突解决能力。例如，可以要求候选人讨论他们解决的冲突，或通过角色扮演来观察候选人的协作能力。

在新员工入职期间，将数据协作确立为工作常态至关重要，无论是间接还是直接参与数据工作。例如，在介绍组织的主要职能时，应突出数据团队的作用，以及非数据团队在项目中运用数据的事实和数量。新员工应能感受到组织对数据的重视，从而从入职之初就相应地调整自己的行为。

同样，员工绩效考核也应锚定他们在数据协作方面的表现。这可以通过数据团队与业务团队共享目标实现，这些目标会逐级细化到个人层面，鼓励并强化协作，使协作者能共享成功的荣誉。同时，鼓励分享数据协作的最佳实践和经验，让每个人都能借鉴之前的成功经验，实现协作目标。

每个参与者对数据协作的理解对任何数据战略都是至关重要的。评估对数据协作的理解和采纳的心态及行为是定义现实目标的重要步骤——最重要的是，这有助于识别数据战略成功的根本风险。

3.2 捷径误区:简捷的不一定是正确的

在很多方面,人类就像水一样,自然而然地选择阻力最小的路径来完成任务,即使知道那可能不是正确的方式。例如,我曾经因为懒得从洗碗机中拿出大锅而用小锅烧水并煮意大利面,结果烫伤了自己。

在数据协作方面,情况也同样如此。人们往往倾向于选择简单、快捷的方法,而不是基于长远的考量选择恰当的方式——通常也意味着更有价值的方式——来处理问题。我们不应责怪那些选择简单方法的人,因为"正确"方式的好处和动机往往不够清晰。

我们可以将其归咎于短期思维与长期思维之间的差异,但即便如此,问题依然存在:"如果我只受短期影响,为何要关注长期发展?"

例如,如果有人想与同事共享他们正在处理的数据集,最简单的方法是将数据导出为 Excel 或 CSV 文件，并通过电子邮件发送。这种方法的危险在于，数据将不再有任何安全或访问控制机制，并且会存在许多事实的新版本。我们可以通过建立一个受控的表格来避免这种情况，让每个人都能访问和共享数据，或为特定场景创建定制化视图。

尽管我们可能努力强制执行正确的行为，但在数据管理领域，人们往往能够找到规避执行机制的方法。确保正确行为的持久性的唯一途径是激发内在的动机，这要求我们深刻理解以正确的方式处理数据所带来的益处和影响。

"正确"的方式通常详尽地记录在政策、指南和清单中。这些文件虽然提供了具体的操作指示，但往往缺少对"为什么要这样做"以及"这对我个人有什么好处"的解释。例如，在制定数据隐私政策时，除了强调个人信息的敏感性，以及必要的匿名化、混淆及掩蔽机制以外，还应突出正确处理个人数据的重要性及其益处。

这对协作意味着什么？采取"正确"的方式往往涉及多个系统或团队，要求跨职能的协作。如果协作体验不佳——比如不得不使用无法获知工单处理进度的票务系统，或协作团队总是毫无理由地拒绝会议邀请——那么人们可能就不会选择"正确"的方式了。

有许多方法可以让协作变得更加便捷，如下。

1) 在政策中明确列出负责团队及其联系信息，并保持这些信息的更新。知道有人可以交谈是有帮助的。

2) 不应完全依赖票务系统来处理业务关键流程。相反，票务系统应被用作管理工作量和确定任务优先级的工具，同时保留人际互动来处理那些需要细致入微的人际沟通，如翻译、规格说明或澄清等任务。

3) 应有意识地平衡服务与自助服务。专家应当专注于那些需要专业经验的任务，而将非关键性、烦琐性工作交由自动化系统或请求者采用自助服务方式完成。这本质上是一种权衡——要么由追求"正确执行"的专家承担更大的工作负荷，要么因服务团队面对的请求过多而形成瓶颈，导致延长交付周期。

因此，若我们期望激励每个人采取"正确"的行为，就需要清晰地阐明采取这些行为的好处，并通过建立便于执行正确行为的运营模式和工作方式来简化行为。此外，将这些行为纳入数据战略，并确保它们成为官方规定和强制性要求是至关重要的。

3.3　正确的事：质量的共识化与自动化

在数据领域，"正确"通常是指数据质量。

具体而言，数据质量是指数据"适合特定用途"的程度。这一定义看似简单直接，但人的因素在其中扮演着至关重要的角色。要全面理解"用途"，就必须在所有用例及其对数据的相应要求之间保持完全透明。只有当所有人都对"适合"的实际含义达成共识后，才能有效地衡量和监控数据的"适合度"。因此，数据质量最终取决于人类行为，这些行为涉及透明度和共识。

不存在绝对客观的"正确"做法。通过数据协作，各方可以达成共识，将主观看法转化为客观实践。

记录这些共识及其决策依据，可以帮助他人理解何为正确、何为错误,并节省宝贵的时间和精力,确保从一开始就走在正确的道路上。因此,政策文件不应只是人人被迫阅读的无用且过于详细的文档,而应通过有效传达来确保所有项目和计划的成功。遵守这些政策的行为应作为成就进行宣传。

如果我们把做"错误"的事情称为不合规行为,那么公平起见,也应该将做"正确"的事情视为良好行为,甚至作为未来相关项目的最佳实践予以认可。

在不干扰常规业务的情况下执行正确的行为的一种方法是引入自动化手段,即"政策即代码"。这一概念的挑战在于,政策通常以散文形式的书面文件存在,而将它们转化为代码意味着机器可以轻松地从中读取和推导规则与机制。尽管目前这还不可能完全实现,但我们可以朝着这个方向努力。

要实现政策自动化,需要增加两个层面:首先,需要通过中间状态(如基于规则的语言和机器可读文本)将政策转化为代码;其次,需要确立对所有政策代码及其应用的审查、维护和更新的责任体系。这两个层面都需要特定的技能集,类似于电影《飓风营救》(*Taken*)中连姆·尼森(Liam Neeson)所展现的专业精神。即便有了合适的人才来承担这些责任,最佳实践仍然是将基于人际动机的方法与政策即代码的自动执行相结合。

政策虽非热门话题,却是数据战略成功的关键抓手,因为其强制性得到了公司高层领导的支持。政策不应仅被视为权威性措施,而应被看作将决策和行为传达给每个数据战略参与者的工具。

3.4 价值共创:数据协作的第三种选择

数据协作可以采取多种形式,但对于从事数据战略工作的人来说,一个问题始终占据着首要位置:数据能力是应该作为数据团队为业务利益相关者提供的服务,还是应该作为自助服务让业务团队自主利用数据创造价值?

这本质上是在平衡单一服务团队与多个赋能自助团队之间的关系,进而引出核心问题:是集中化,还是去中心化?更具体地说,问题在于数据能力和责任应该在多大程度上集中,又应该在多大程度上分散。

组织结构的决策直接影响团队归属感，进而影响专业知识的分布——这也自然引出了数据专家与业务利益相关者之间的动态关系。换句话说，组织结构决定了数据是成为一项服务还是一种自助服务。

"数据即服务"和"赋能数据自助服务"的概念最初都具有积极的意图，但现实却暴露了它们的负面后果。

当一个中央数据团队成为所有数据专业知识的核心时，所有业务利益相关者都可以向这个明星专家团队提出他们的任何数据需求。但随着业务越来越依赖数据，对数据驱动的洞察力需求增加，中央数据团队变成了能力的瓶颈。招聘新人的速度永远无法跟上数据请求的增长速度，而且大家都知道这种模式不可持续。

因此，我们转到了相反的方向：去中心化。这一策略鼓励业务团队自主完成它的数据任务和项目。起初，业务利益相关者意识到他们缺乏执行这些任务所需的必要技能或专长，因此开始在各自的团队中引入数据专家。对于数据专业人士而言，置身于业务专家之中，成为技术领域的权威，是一种全新的体验。这些数据专家开始深入理解他们的直接业务同事的需求，并认识到数据收集方式需要根据各自部门的独特性进行调整。随着新的数据基础设施、数据库和分析应用的迅速涌现，一个关键问题出现了：这些设施对其他部门并不通用，最重要的是，它们之间无法有效协同工作。

最终，业界理解了在集中化与去中心化之间寻求平衡的重要性，从而发展出了数据网格（Data Mesh）和数据编织（Data Fabric）等概念，它们试图融合两种模式的优势。思想领袖⊖和企业对这些概念充满热情，因为每个人都希望避免重蹈覆辙。

然而，我不想深入剖析和评估集中化与去中心化的概念——本书关注的是数据的"人文层面"。因此，让我们探讨组织和公司应如何转变心态，以避免反复陷入同样的陷阱。在我看来，"服务"和"自助服务"之间存在一个中间地带，那就是共创（Co-Creation）。

"服务"这个术语一直让我感到困扰，因为它的概念本身具有交易性质。你让我做某事，我做了。你给我一个我们双方都认为值得我努力的金额，然后这笔交易就结束了。我

⊖ 思想领袖（Thought Leaders）是指那些在特定领域被公认为专家，其观点和想法具有广泛影响力的个人或组织。——编辑注

提供了服务,你得到了服务——事情就完成了。这可能是卖家和买家之间必要的概念(并且是当今经济的基础支柱)。尽管如此,当我们谈论内部协作时,应该从交易性质的服务转向基于信任的共创协作。

共创包含两个含义:一是创造出真正新的东西(否则只是"新瓶装旧酒"),二是共创各方享有平等的地位。无论数据技能是集中化还是去中心化,当业务专长和数据专长相结合时,应该始终具有共创解决方案的共识和承诺。共创的口头协定或正式合同的好处在于,它能够在任何重组中存续,无论是在部门内还是跨部门工作。

例如,市场经理请求数据分析师为其即将开展的活动提供见解和建议。在集中化模式下,数据分析师会接受请求,但需要将其与其他请求进行优先级排序。数据分析师也可能会在理解业务背景方面遇到困难,因为市场营销只是其负责的众多用例之一。在去中心化模式下,数据分析师会为市场经理创建一个表格或仪表板,让市场经理自己创建见解和建议,市场经理可能有能力也可能没有能力完成后续工作,对数据分析的信心不足可能导致各种挑战。如果双方建立了共创关系，就意味着他们都致力于成功并对结果负责。无论它是集中化还是去中心化，双方都将用他们的技能和知识互补，协作将根植于共同目标，而不是任何一方的个人目标。

我认为并不存在一个万能的解决方案来平衡数据责任的集中化和去中心化。对于一个给定的组织来说，这可能会随着数据成熟度、文化和行业不断变化。我们可以改变协作的心态，从交易性质的服务转向共创协作——这是数据战略中另一个强有力的指导原则。

3.5 生命之环：数据生命中的关键角色

《生命之环》(*The Circle of Life*)是我最喜欢的迪士尼电影（请《狮子王》的"粉丝"们一起欢呼吧！）中的歌曲之一，而在讨论数据时，它还具有特殊含义。

数据的生命周期涵盖众多系统、流程，最重要的是，涉及众多人员。由于数据在流动过程中通常会被复制，因此很快就会遍布各处，没有人能够全面了解所有数据的位置。

缺乏透明度可能导致多方面的严重后果，从合规和风险的角度来看，我们无法掌握数据上正在进行的非法和违规行为；从效率的角度来看，当冗余的数据集无处不在时，会一次又一次地造成不必要的工作成本开支和存储空间浪费。

我们通过明确职责来识别这一问题。许多人甚至意识不到自己在数据生命周期中扮演着如此关键的角色。简单来说，任何类型的数据在其生命周期中都涉及以下三个主要角色。

1) 数据生产者（Data Producer）：某人首次创建数据记录，将其录入组织的数据生态系统（例如，销售代表创建新的客户记录）。

2) 数据处理者（Data Processor）：某人转换或重塑现有数据，以适应不同的技术应用（例如，数据工程师构建一个将客户数据从 CRM 系统转换到数据湖的管道）。

3) 数据消费者（Data Consumer）：某人使用数据采取行动或做出更好的决策，为组织带来直接价值（例如，销售经理根据销售数据改变产品定价策略）。

这些角色并不是互斥的，所以数据生产者可能随后会处理并消费这些数据以满足自身需求。设置这些不同角色意味着需要制定明确的行为准则,规定其权限边界。

数据生产者必须对其数据输入负责——他们负责创建正确的数据记录,这些记录将在全公司系统和数据使用者之间流转。鉴于某些数据比其他数据更关键,数据生产者必须审慎地优先保证其生成数据的准确性和可靠性,一旦从数据使用角度发现问题,数据生产者就有责任及时修正相关记录。

数据处理者在转换数据时需要考虑数据生产者的初始创建方式,以保持数据的完整性。他们需要严谨记录和传达数据转换过程,并为所有下游系统和用户保留解读数据所需的上下文信息。

数据消费者在处理数据时不应做出任何假设,而应充分了解数据生产者和处理者留下的上下文信息。数据消费者负责提供关键反馈,如果数据需要进行任何调整或更正,他们的反馈至关重要。数据消费者还负责明确自己的数据需求,并维护这些需求。

在讨论数据时,我们首先想到的通常是数据分析和人工智能应用。然而,至关重要的是,我们也应该意识到数据在支持关键业务流程中的重要作用,这些流程往往涉及那些不具备数据专业知识的人员。如表 3.1 所示,上文所述数据生命周期角色在数据分析和业务运营方面的具体活动大相径庭,其关注点和相应处理方法也有所不同。

表 3.1 数据生命周期角色的数据分析和业务运营活动示例

数据生命周期角色	数据分析(Analytical)	业务运营(Operational)
数据生产者	销售代表创建客户数据	销售代表创建客户数据
数据处理者	数据工程师将 CRM 系统连接到数据湖	软件开发人员将 CRM 连接到营销平台
数据消费者	数据科学家将客户细分	营销经理向特定客户发送电子邮件

同一种类型的数据可能服务于多种不同的用例,而这些用例对数据的要求可能相互冲突,唯一的预防措施是提高这些要求的透明度,并达成一个能够平衡所有需求的共识。如果我们不这样做,那么一个问题的解决可能导致另一个问题的产生。为了满足一个新用例的要求而对数据进行的更改,可能会破坏现有的关键业务流程,甚至进一步带来巨大的成本开销。

在前一章中,我探讨了数据素养的概念。在数据生命周期中,无论担任何种角色,履行职责都是培养和应用数据素养的关键。

从数据战略的角度来看,有必要指派专人负责协调数据生命周期的各个方面,这不仅涉及确保系统间的互联互通,还包括使人员成为这一过程中的关键参与者。数据战略团队、数据治理团队和数据文化团队等跨职能团队能够将数据利益相关方聚集在一起,共同推动数据战略的实施。

鉴于我们预见到未来几年数据的重要性、规模和用例数量将急剧增加,因此,投入相应的努力来构建和维护数据生命周期中的人际关系显得尤为明智。

3.6 追随痛感:以影响为驱动力的方法

在数据领域构建正确的协作文化的最佳途径之一是专注于解决问题。这听起来简单直观,但实际上,数据团队往往过于热衷于构建解决方案,却忽视了要解决的实际问题。这种倾向导致数据团队开发出许多先进前沿的项目，而业务团队却仍然在为维持基础业务流程而采用人工方式疲于应对原始的数据处理问题。

因此，要通过与业务团队合作并培养协作精神来建立与业务价值的联系，数据战略就应当指导和推广解决问题所需的思维方式与工作流程。

解决问题的第一步是识别问题。因此，我提出了"追随痛感"（follow-the pain）这一概念，作为一种使数据变得有价值和提高协作力的通用心态与哲学。

这种方法基于一个假设：在任何组织中，总有人对某个数据问题感到非常沮丧。数据团队应该找到那个人并与他合作。良好的协作将因两个条件而产生：①受影响者的挫败感极高，使他竭尽全力解决问题，包括与数据团队的合作；②他已与问题斗争许久，对解决方案应实现的目标和问题的影响有非常明确的认识，因此也清楚解决方案的价值所在。

一旦共同创造了解决方案，这个人就会非常满意，这自然能为数据团队赢得良好口碑。理想情况下，这种口碑宣传将促使更多的业务团队了解数据团队的卓越工作，随着时间的推移,更多的"痛点"会出现——随后你将建立一个待办事项列表和路线图,以获得持续的成功和成就。

采用"追随痛感"的方法不仅能够改善协作效能,还会催生一种新的利益相关方参与模式——这种模式强调积极主动倾听问题并理解业务挑战。数据战略中应当明确定义问题诊断与解决的标准化框架,并将其确立为跨部门数据协作的基准规范。

3.7 追本溯源:引发数据问题的三剑客

全球所有数据问题都可以追溯到三个根本原因:人为错误、流程错误和技术错误。这些原因并非相互独立,实际上,一个问题可能同时涉及这三个根本原因。

区分这些根本原因的重要性在于,它们的解决方案各有不同。

1)人为错误:这类错误通常发生在人工直接操作数据时,如产品经理在创建产品记录时产品名称的拼写错误。解决方案通常包括培训和制定指南来促使更审慎的行为，同时可运用技术手段为人工数据录入增设防护措施。

2) 流程错误：这类错误表现为实际流程与所需流程之间的结构性不一致，如需要每日更新的数据却仅每周更新一次。解决方案通常包括基于透明度和对齐的流程协调。

3) 技术错误：这类错误发生在自动化工作流程中，如数据管道崩溃导致数据无法更新。解决方法通常包括实际的技术开发和实施监控解决方案，以更及时和主动地识别根本原因并采取相应举措。

尽管只有"人为错误"这个术语中包含"人"，但所有三种根本原因类型都与人的技能相关：以批判性思维来探究根本原因，通过人类共识来决定如何解决根本原因问题。

从被动应对到主动预防这些问题的关键在于，有效识别不同数据问题根本原因类型之间的模式，并充分运用人类特有的批判性思维，构建从问题诊断到解决方案的完整流程框架。

3.8 追光而行：数据宗旨指导战略选择

数据领域不断涌现先进和激动人心的应用。然而，技术的新颖性和兴奋感并不总能直接转化为组织环境中的最佳选择。

为了采取一种更具协作性的方法来制定数据战略，以平衡机会与风险，我创建了一个寻找"数据宗旨"的框架（见图3.1）。这个框架受到日本哲学"Ikigai"[6]（Ikigai 意指生

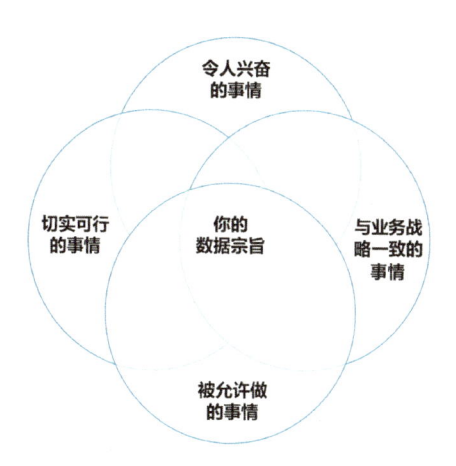

图 3.1 借鉴"四圈韦恩图"形成的数据宗旨探寻框架

活的意义，作者借鉴了它的"四圈韦恩图及完美甜蜜点"——译者注）的启发，但它适用于数据环境。"数据宗旨"主张，任何关于数据的战略选择在实施前都应统筹考虑以下四个方面。

1) 令人兴奋的事情（Exciting）：组织中的每个人都有关于如何处理数据的想法，这些想法都基于纯粹的兴奋情绪。新颖、尖端、最先进的数据技术无疑是令人兴奋的，这种兴奋感应被认可并加以利用。这一方面通常由数据和 AI 专家，以及对最新技术容易兴奋的高级领导者推动。

2) 与业务战略一致的事情（Aligned with Business Strategy）：并非所有令人兴奋的事项都能直接支持组织的目标。"与业务战略一致"作为第一个过滤器，确保数据工作与业务目标一致，同时维持之前的兴奋和动力。C 级领导者（也可以称之为"首席高管"，意指 CEO、CTO、CIO、CDO 等公司高层领导——译者注）、业务部门负责人和公司治理团队通常负责推动这方面的工作。

3) 被允许做的事情（Allowed to Do）：对于数据能做什么和不能做什么存在许多内外限制，这些限制都有充分的理由。法规和政策构成了防止风险行为导致不可逆转的社会问题的第一道防线。法律团队、信息安全团队，以及承担伦理和 DEI（多样性、公平性、包容性）职责的角色通常主导这一领域，确保数据实践符合法律和伦理标准。

4）切实可行的事情（Feasible to Do）：组织实现优质数据目标的前提是，具备与之匹配的技术和数据管理成熟度基础。即使有最佳的、成熟的发展愿景，也需要立足现状开展客观评估，制定切实可行的目标规划。这一领域通常由 IT、数据治理、企业架构和其他经常评估技术栈及能力成熟度的团队推动。

在实际操作过程中，上述这些原则如何体现？以下是一些具体案例。

1）AI 驱动的客户画像用于信用评分：这类项目可能令人兴奋，与业务战略一致，且技术上可行。但是，如果存在对某些人群的偏见，从伦理角度来看，则应被视为"不允许做"。

2）实时商业智能仪表板用于电子商务定价决策：在

"黑色星期五"等关键销售日，这类仪表板可能满足所有标准。但如果缺少数据质量和完整性监控的组件，则无法确保数据的可信度，因此是"不可行的"。

3) 每月导出的 Excel 文件记录地区温度：这类项目可能是可行和被允许的，但可能与业务目标不一致，且缺乏令人兴奋的元素。

通过全面考量以上四个关键维度——令人兴奋、与业务战略一致、被允许做、切实可行——我们能够更加现实和切实地设定数据战略目标。这种方针不仅在规划阶段就加强了与数据团队及其关键利益相关者的合作，而且避免了直到实施阶段才开始考虑这些问题，那时沉没成本已经产生，新识别的风险需要更多的努力去管理。

寻找数据宗旨是一个非常人性化的过程，有什么理由不将其应用于数据战略中呢？将数据宗旨正式纳入数据战略框架，能够确保所有参与者形成统一的价值导向和行动共识。

3.9 步步为营:志存高远不忘脚踏实地

在采用集体的方式确定数据战略后,团队成员对数据的共同目标感到满意,我们往往会产生同时启动所有项目的冲动。然而,这种冲动的结果往往是许多项目并行开工,但没有一个能够快速取得进展,甚至不可能被完成。这不仅削弱了数据战略的重要性,还损害了数据团队在实现目标方面的信誉。为了避免这种情况,我们必须明确如何开始,以及以何种顺序推进,以便于数据战略落到实处。我们需要避免"一口吃成胖子"的心态,而是一次解决一个"桶"的数据项目。

规划合适的路线图至关重要,它不仅有助于结构化工作和同步所有数据团队成员的工作优先级,而且可以对所有数据利益相关方保持透明度,并合理管理其预期。

那么,你如何决定推出数据项目和计划的顺序,以实现你的数据战略呢?关键在于考虑三个要素:复杂性、影响力和依赖性。每个数据项目和计划都需要根据成功所需的努力与项目预期产生的影响进行评估，同时还要清楚地了解某个项目是否依赖于另一个项目的成功，或者这个项目是否是其他项目的先决条件。

在依据这三个要素评估数据项目时，重要的是不仅要考虑技术因素，还要考量"人文"因素。

1）从人的角度来看，复杂性可能意味着缺乏必要的技能和人才、不同团队间缺乏合作的工作文化氛围，或者团队间共同的目标不一致。

2）从人的角度来看，影响力可能意味着个人回报、对社会福祉的贡献，或者特定团队生产力的提升。

3）从人的角度来看，依赖性可能意味着角色和责任的不明确、共创团队之间缺乏先前的合作经验，或者由于缺乏技术支持而需要大量的人力。

制定数据战略实施路线图的关键在于平衡两类项目：一类是弱复杂性、高影响力且依赖性弱的项目，可快速见效；另一类是强复杂性、低影响力但依赖性强的项目，通常需要更长的实施周期。需要在短期成效与长期发展之间取得最优平衡。

3.10 响应变化：临时请求与需求管理

在快速演变的数据领域，除了既定计划以外，总会有一些意外的需求出现，需要及时响应。因此，数据战略路线图需要在计划内的项目与临时请求之间取得平衡。

运营团队，如全球业务服务、开发运维（DevOps）或数据运维（DataOps）团队，通常都习惯于使用需求管理流程来管理请求，这往往涉及工单系统。这类系统有助于我们保持对不同请求的概览和优先级排序。然而，我们往往倾向于减少人际交流，仅仅将工单视作单纯的待办事项，而非帮助他人的互动机会。

2023年秋天，我在中国探亲时，对数字化的普及程度感到惊讶——所有的支付都是数字化的，智能屏幕随处可见，手机充电站遍布各处。我走进一家咖啡店，想向咖啡师点一杯卡布奇诺，但他指向墙上的二维码说："只能通过应用程序下单。我没有时间与顾客交谈。我每小时需要完成一定数量的订单，抱歉。"在采用数字化方式下单并迅速得到美味的咖啡后，我不禁陷入思考之中。

数据解决方案与咖啡不同，它们很少是一成不变的。如果缺乏相关方之间的充分讨论来商定解决方案并相互认可，虽然问题可能得到解决，但解决方案未必是最优或最具可持续性的。

关键在于需求管理的激励机制和成功的衡量标准。通常，运营团队的关键绩效指标（KPI）是给定时间段内处理和解决的工单数量，但仅衡量这一点过于强调效率而不够强调效果。平衡这一点的方法是添加基于人类反馈的成功衡量指标，如基于每个工单的调查满意度评分。最后，我们不仅不应回避人际互动，更应培养相关人员定期洞察数据需求中的人文因素，并准确理解其中隐含的关键背景信息。

将这一点与前一章的内容相联系，我们可以看到，计划中的路线图活动和新处理解决的临时请求之间不应各自为政，而应相互借鉴。计划中的路线图活动可能揭示新的能力需求，这些需求可以为许多临时请求提供解决方案。同时，不同临时请求的要求也可能为数据战略路线图中新技能和能力的开发提供参考。

3.11　提振士气：即时激励阶段性进展

获得成就感与进步感是激励的核心要素。在追求战略数据目标的过程中，不应将重大进展和关键里程碑简单视作待办事项的完成，而应通过表彰个人贡献者与肯定跨团队协作价值来共同庆祝。同时，这些关键里程碑的达成过程应当成为向组织全员展示数据协作实际成效与战略价值的契机。

让我们集中关注数据战略中的关键战略里程碑，包括项目里程碑、数据管理成熟度的提升，以及数据质量监控解决方案的实施。这些里程碑之间的等待期可能有数月之久，这对数据团队成员的耐心和动力构成了考验。不耐烦和动力的缺失都可能导致严重的后果。那些对日常工作失去动力和热情的团队成员往往会变得懈怠且缺乏协作精神，这将严重危及数据战略的成功实施。

防止团队动力和参与度下降的关键在于更广泛与包容地定义成功的含义。成功不应仅限于达成重大战略里程碑，还应包括朝着这些目标和其他更人性化因素所执行的小步骤。这些小步骤可能包括与其他部门合作进行培训、逐步提升工作效率、从合作伙伴那里获得正式承诺或激发新的想法。如果我们把这些小进步也视为进展，并在汇报工作成果时予以体现，整个组织就能持续地看到数据工作的成效，从而为数据战略赢得更广泛的支持。

3.12　取长补短：充分发挥社区的效用

组织结构有助于明确职责、问责机制和流程，但由于频繁的重组，这些结构也在不断变化。每当人们刚刚适应新的日常工作节奏与既定的关键协作伙伴时，下一次"重组"便可能将一切打乱，人们又需要重新适应。人类具有习惯倾向，适应变化颇具难度。

为应对组织持续变动所带来的不确定性，构建独立于组织架构的协作层（即社区）极具价值，它能够汇聚具有共同关注点、相似职能或面临同类挑战的成员。

"社区"不是什么新概念,尤其是在技术组织中,"实践社区"已被证实能够促进创意生成、提升知识与建议的质量、增强问题解决能力并营造共同语境[7]。

从组织视角来看,实践社区对知识共享与最佳实践的推广极为有利,可提升数据工作的成效与效率。而从个人需求角度来看,社区还具备两大重要意义:其一是缓解孤独感,其二是在互助过程中收获回报。

在当今职场环境下,众多数据相关岗位已不再局限于单一团队。以往数据工程师与数据科学家等岗位集中于某一核心职能部门,能够共同深入钻研技术问题,而如今出现了数据领域去中心化的趋势,这些岗位已分散至各个业务团队。诸如数据所有者或数据管理员等岗位人员原本便隶属于业务职能部门,他们在缺乏其他人员承担或愿意承担数据职责的环境中,毅然担负起相关工作的责任。

无论处于何种情形,成为"异类"都会让人产生孤独感。当工作进展不顺且急需协助时,这种孤独感会更为强烈。若身为团队中的唯一专家,又能向谁寻求帮助呢?相较于请求他人帮助并构建支持网络(并非所有人都乐于或擅长此行为),实践社区能够自然而然地成为消除成员孤立感的平台,使参与者能够在互助氛围中顺畅地获得专业支持。

在实践过程中不乏这样的实例,诸如数据管理员社区、数据所有者网络或者数据工程师实践社区等,它们获得成功的共通之处在于,让每一个人都清晰地认识到,社区根植于人性,其目的在于将人们相互联结起来,进而彼此提供帮助。与学习及提升技能类似,将时间和精力投入社区之中的行为,理应得到领导层的鼓励与支持,不然的话,这一行为将总会和"更重要的事情"产生冲突。

组织架构总是不断变化的,但社区应该更加稳定,并应在数据战略中被明确定位为具有战略价值的关键组成部分,它属于不受组织架构层级限制的运营模式。

3.13 以身作则:为数据文化树立榜样

数据文化被定义为"组织内部人员重视、实践并鼓励使用数据来改进决策的集体行为和信念"[8]。在我看来,良好的数据文化始终既是卓越数据战略的驱动力,又是其结果。在 5C 框架的情境下,良好的数据文化涵盖多个方面,而其中最为关键的当属团队协作。

当下,众多优秀的书籍、文章,以及行业思想领袖均针对创建良好数据文化发表了各自的观点。然而,它们都有一个共同点:没有高层领导的影响,这些观点和方法很难推动数据文化的进步,因为文化的改变通常需要从顶层开始。

这就意味着,不仅要求首席执行官在口头上着重强调公司以数据为驱动的重要性,更需要其积极地发挥示范引领作用,引领组织内其他人员严谨对待依据数据以及与数据相关的决策事务。我倾向于鼓励公司高层领导在处理数据有关事务时采用简单的"言传—身教—指导"框架,具体阐释如下。

1)言传(Talking):清晰且明确地阐述数据的重要性,以及那些蕴含数据要素的基于事实的决策内容。

2)身教(Acting):借助实际行动展现与数据团队协同合作开展决策的流程。与此同时,积极彰显基于数据进行决策所产生的正向效益,以此塑造榜样典范。

3）指导（Guiding）：指导其他领导者和团队踊跃践行基于事实的决策，推动他们与组织内的数据专家和领导者构建紧密的联系，并在这一方面为他人担当教练与导师的角色。

例如，首席营销官应在全体员工大会上强调数据的重要性，针对特定产品类别做出有意识的数据驱动型营销活动优化决策，并引导运营营销团队与其数据和分析对应部门密切合作。

高层领导在组织顶层推动数据协作，能引发积极的连锁反应，显著提升数据文化水平。或许这一点不会直白地写进数据战略之中，但负责管理数据战略的人员理应始终将其铭刻于心。

3.14 无信不立：信任感的传递与强化

无论是人际关系还是数据管理，信任都是合作的基石。在本章的结尾，我想强调信任的重要性。信任是有效合作的基础，因为人们必须相互信赖对方的技能和动机，才能使合作得以顺利进行。

信任不仅限于人与人之间，数据和系统的可信度也对业务流程有着重大影响，可能是正面的，也可能是负面的。然而，这一切都始于人与人之间的信任。

如果我对某个系统产出的数据质量持怀疑态度，但信任管理数据的团队，那么对人的信任将正面影响对数据和系统的信赖程度。

这意味着我们应当持续地通过反馈和调查来衡量人、数据与系统的可信度。在所有合作失败的根本原因中，缺乏信任可能排在最前面。

信任不仅是数据战略的根本基石，而且是"人性化"数据战略的关键成果。

第 4 章

沟通力（Communication）

数据专业人员在以下几个方面会用到沟通技巧。

1）化繁为简：以简单易懂的方式阐释复杂问题。

2）高层推动：有效说服高层利益相关方以获取支持。

3）视觉呈现：借助图表工具清晰呈现问题结构与关键挑战。

4）目标协同：准确描述不同职能部门间的共同目标。

5）政策转化：撰写正式政策并将其转化为技术要求。

6）故事传播：采用讲述故事的方式宣贯数据计划及其

影响力。

在数据战略的实施过程中,促进和鼓励沟通至关重要,所以我们还需要建立跨职能的沟通平台和社区。

数据战略始终始于目标状态(采用以终为始的方法制定战略——译者注),这要求我们了解当前位置,以及如何达成目标的路线图。这意味着数据战略必然带来变革,而任何变革都需要变革管理,当我们考虑人员、流程和技术所需的变革时,人员方面的变革无疑最具挑战性,但也最具回报价值(见图 4.1)。

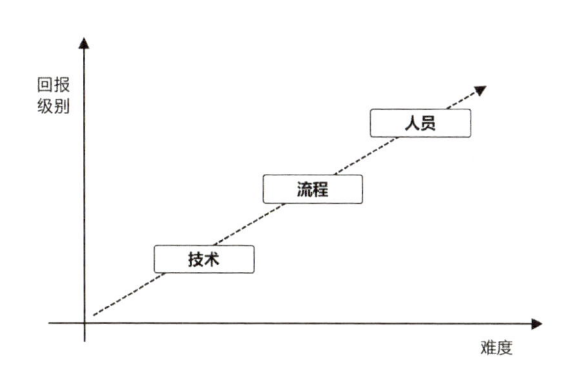

图 4.1 技术、流程、人员涉及变化时的难度与回报级别

美国著名系统科学家、麻省理工学院斯隆管理学院高级讲

师彼得·圣吉（Peter Senge）曾深刻指出："人们不抗拒变化，他们抗拒被改变。"因此，我们需要持续和频繁的沟通，将数据战略和指令的执行，转化为人们内在驱动、主动拥护的变革。

4.1 构建组织和个人层面的价值框架

在传达数据战略时，清晰地阐明其目的是至关重要的，我们必须明确：遵循数据战略能为组织及个人带来哪些实质性收益。

虽然将数据战略目标与组织的总体战略目标相联系是必要的，但仅仅传达这些信息是不够的。关键在于构建一个框架（见图4.2），让员工看到战略是如何在个人层面为他们提供帮助的。

如果组织层面的战略目标之一是提高盈利能力，那么组织价值与个人价值之间的共同点可能在于提高生产力。在个人层面，这意味着团队需要在特定数据任务上显著减少人工操作，从而提升效率。

说明性示例

个人奖励：减少人工操作、试验的乐趣、道德贡献

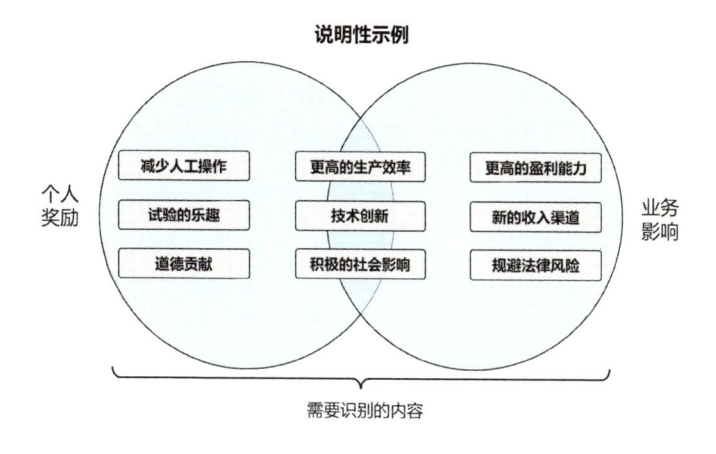

（交集）：更高的生产效率、技术创新、积极的社会影响

业务影响：更高的盈利能力、新的收入渠道、规避法律风险

需要识别的内容

图 4.2 个人奖励框架化示例

还有一个是建立新的收入渠道的目标，这使得业务影响与个人奖励在技术创新上达成共识，进而满足个人在实验中寻求乐趣的需求。

组织的最后一个目标是规避法律或监管风险，这与积极的社会影响紧密相关。在个人层面，这应该会吸引那些渴望实现道德贡献的人。

显而易见，将个人奖励框架化有助于明确组织成就对个人的影响，因为并非每个人都能轻松地将战略目标与个人需求联系起来。

在个人层面构建框架时，需要根据不同受众的特点进行差

异化处理,这表明传达数据战略时不应采取一成不变的方法。相反,任何数据战略都应包含多个版本的沟通计划,以更细致地满足不同利益相关者的需求。

4.2 讲述故事以获得认同并减少阻力

在数据领域,通过讲述故事来获得认同并减少阻力至关重要。我大学时期作为酒吧钢琴师的经历让我深刻认识到,通过观察客人对音乐的反应来了解他们的喜好,可以使我演奏的音乐更具感染力,更重要的是,我能从观众那里得到更多的小费。为正确的听众提供合适的内容是关键。

在数据战略中,讲述一个引人入胜的故事以说服利益相关者和合作伙伴,强调数据计划的重要性和必要性,可以采取多种形式,一切都从听众开始。始终从听众的视角出发:他们关心什么?什么能说服他们接受你的提议?他们可能会因何而抗拒?

在深入了解听众之后,构建一个高效的叙述结构相对简单:为什么(Why)、是什么(What)和怎么做(How)——这些要素应严格按照这个顺序呈现。以下是对每个要素的详细分解。

1)为什么(Why):首先要理解听众的需求,并讨论数据战略的目的。在组织和个人层面构建价值框架,为听众提供一个无可辩驳的理由去关心并关注数据战略。

2)是什么(What):确保所要求的决策、行动和承诺用听众能理解且不易误解的语言来解释。特别具体地说明要求和紧迫性。

3)怎么做(How):提出一个包含资源、时间线和可交付成果的行动计划,与听众共同细化细节,并共同承诺下一步行动。通过采用目标与关键结果(OKR)、共同目标或其他促进组织内协作的流程,确保它成为所有优先事项中的共同优先事项。

例如,新数据战略的 Why 与从 B2B(企业对企业)到 B2C(企业对消费者)销售模式的业务转型紧密相关。What 涉及确保数据收集、处理和使用,以及相关的商业洞察能力适应新的商业模式等内容。How 则包括定义路线图、明确责任、设定里程碑和整体项目管理工作，以指导这一转型。

数据专业人员通常对他们的工作感到自豪，这往往表现为更多地关注 How，而不是从 Why 和 What 开始。然而，共同的目标和换位思考能为具体成果提供更好的表达框架。

可始终以这种结构传达数据战略。它也非常适合作为更具战术性和操作性的沟通结构，如项目介绍、产品待办事项会议，甚至向新利益相关者的自我介绍也可以采用这种结构。

4.3 运用幽默的艺术来增强影响力

一位数据分析师、一位数据科学家、一位数据工程师和一位数据治理专家走进了一家酒吧。

数据分析师："我想要一杯啤酒，要装满杯子的 90%。"

数据科学家："确保我的啤酒是纯净的。否则，我得调整我的消化算法。"

数据工程师:"可以给我一根吸管、一把勺子和一些泳裤吗?这样我可以灵活地享用啤酒。"

数据治理专家:"你们都错了。如果你们查了饮品血缘,就会发现你们点的都是苏打水而不是啤酒。早该看看啤酒目录了!"

最终,他们一起去了湖边小屋,随意取用他们想要的饮料,并称之为"啤酒网格"。

我创作了这个数据主题的笑话,模仿了经典的"甲乙丙丁去酒吧"笑话。我对这个笑话特别自豪,因为它一举三得:用类比方式展示了不同数据角色对数据的关注点,强调了数据治理中数据血缘的重要性,并且说明了数据网格的一个好处。

虽然我们必须认真对待数据工作,但这不妨碍在讨论和沟通时寻找乐趣。笑声可以缓解压力和无聊,提高参与度和幸福感,并激发创造力、协作和生产力[9]。

并非人人都擅长讲笑话,但就像培养创造力和讲故事一样,幽默感也是可以通过锻炼来提升的。我非常喜欢单口相声和脱口秀这类站立式喜剧,并尝试以半科学的方式探究喜剧演员如何仅凭在舞台上讲笑话就能吸引满场观众的奥秘。

这些笑话遵循传统结构，包含以下四个部分。

1）前提：设定场景和背景，让观众了解即将发生的事情。

2）铺垫：构建悬念和期待，引导观众预判笑话的发展方向。

3）笑点：意外的转折，引发笑声。

4）尾句：额外评论，进一步增强笑点的幽默效果。

在上述啤酒笑话中，"前提"是数据人员走进酒吧，"铺垫"是他们各自点饮料，"笑点"是数据治理专家揭示他们实际上点的是苏打水而非啤酒，"尾句"是他们在啤酒网格中自取啤酒。

在数据战略中有效引入幽默的一个方法是使用类比。类比的优势在于它能够以贴近现实生活的方式阐释复杂概念，并且在恰当使用时能够带来愉悦感。数据治理作为数据学科中最难以解释的领域之一，常常需要借助类比来简化理解。例如，将数据治理比作足球比赛中的裁判、高楼大厦的地基,或者在将数据比作"原力"(force)时,将数据治理比作"绝地议会"(Jedi council)——这些类比在特定的情境和针对特定的受众时显得尤为有效。

在沟通中巧妙运用幽默不仅能够使数据战略更加令人难忘,还能够深深触及听众的情感。最重要的是,对工作开怀大笑会使你更具魅力和亲和力。作为数据领导者,你也会在日常生活中展现出真实和脆弱的一面,以拉近自己与团队成员的距离。

4.4 通过识别角色管理利益相关者

有效沟通的另一关键价值在于协调数据战略规划,实施与评估过程中各利益相关者的协作关系。良好的沟通不仅对赢得公司高层领导的支持至关重要,还对数据团队的内外部协作不可或缺。然而,不同利益相关者对数据战略的态度和行为存在显著差异,因此通过两个维度——"积极/消极"与"支持者/反对者"——来映射利益相关者是定制沟通计划的良好开端。

如图 4.3 所示,我们将利益相关者划分到四个象限中,并针对不同的象限采取不同的沟通策略。

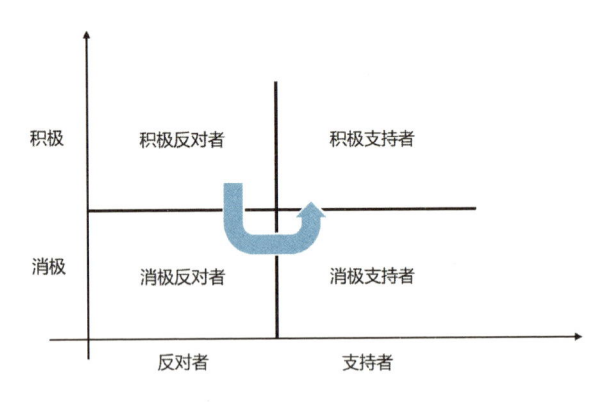

```
积极 │ 积极反对者    积极支持者
     │
─────┼─────────────────────────
     │
消极 │ 消极反对者    消极支持者
     │
     └─────────────────────────
        反对者        支持者
```

图 4.3　利益相关者倡导图(四象限图)

1)积极反对者(Active Detractor):对你的数据战略持负面态度的利益相关者可能具有破坏性。需要立即进行对话,消除任何误解,至少在一定程度上限制负面口碑的传播。

2)消极反对者(Passive Detractor):这些消极反对者之所以保持沉默,很可能是因为他们持怀疑态度,但希望观望数据战略将如何发展。只要他们不是在暗中破坏数据战略朝着战略目标的努力,拥有一些健康的批评也并非总是坏事。定期沟通具体成果和进展,以消除他们的疑虑,可能会逐渐融化坚冰。

3）消极支持者（Passive Promoter）：获得支持和积极看法是好的，但让利益相关者主动谈论它更好。为这些消极支持者提供机会，让他们公开分享对数据战略的积极意见和贡献，从而将他们的态度从消极转变为积极。

4）积极支持者（Active Promoter）：这些人是你的数据战略的"最佳搭档"。他们已经在积极倡导你的数据战略，所以从沟通的角度来看，唯一能做的就是确保不失去他们，保持他们的满意度。

在实施数据战略的过程中，不可能完全没有反对者，关键在于持续努力将这些反对者转变为支持者。为了使这种方法更具条理性，可以进一步将利益相关者细分为多种角色类型。

1）思考者（Thinker）与行动者（Doer）：有些人倾向于深入思考一切，但不愿采取行动；而有些人则急于行动而不加以深思。大多数人处于这两个极端之间。与思考者和行动者沟通时，需要在理论背景和可操作的影响之间找到不同的平衡。

2）信仰者（Believer）与怀疑者（Skeptic）：天生相信

良好意图和创新的人不需要通过太多的事实来说服，他们更关注于如何实现它，而怀疑者需要更多的事实和结果，以及对他们的担忧和恐惧的明确承认。

3）给予者（Giver）与索取者（Taker）：有些人乐于提供行动建议和帮助，而其他一些人则喜欢请求帮助，并将支持视为理所当然。在沟通数据战略时，管理期望和清晰说明所需的合作类型至关重要。

与利益相关者的沟通需要深入理解他们，本章介绍的角色映射等工具可以使沟通更加容易施行并具备可复制性。如此一来，数据战略的沟通就可以针对不同的受众进行定制，从而提高沟通的效果和效率。

4.5　事前预防用于纠正"行动谬误"

人们天生倾向于赞美那些在关键时刻力挽狂澜的明星英雄，却往往忽视了那些默默预防问题发生的幕后英雄。

在数据风险管理领域，解决问题的成本通常比预防问题更高。如果数据战略得到恰当的执行，尤其是数据治理得到有效实施，那么许多问题本可以被预防，而不是等到事后才进行补救。

为了提高对数据问题的预防意识，我们必须从根本上转变观念，将预防视为一种值得称赞的成就。随之而来的是，数据问题预防的沟通策略也将得到加强，使我们能够在数据战略中更有效地传达预防措施的价值。

例如，当数据质量问题出现时，采取行动一次性解决这些问题无疑是一个明确的成就。然而，更进一步的做法是，建立一个包含预防和缓解流程的监控解决方案作为后续行动的一部分，这样的举措能够持续地带来价值。

解决问题代表一次性的成功，而预防问题则构成持续的成功，这种成功可以随时间累积并传达。

尽管问题和事件的缓解在数据战略中通常是已知的领域，但同样重要的是，也应包含问题和事件的预防——理想情况下，它应该作为一个全面的"问题管理"流程的一部分。数据战略应该将其定义为优先事项，并以一种既重视事后处理又重视事前预防的方式来沟通。

4.6　反馈作为衡量成功的一种方式

构建衡量数据战略是否成功的 KPI 框架时,我们通常会有一套与业务绩效和运营相关的 KPI,这些 KPI 对指导与数据相关的决策和行动是至关重要的。

为了更全面地考虑数据战略的人文方面,我们必须确保衡量成功的标准能够体现这一维度。征求反馈不仅是评估沟通效果和促进合作的有效手段,而且通过设定基于反馈的 KPI,我们可以更频繁地收集反馈信息,并在反馈过程中遇到挑战时迅速采取应对措施。

评估数据战略的"人文"层面时,以下基于反馈的 KPI 值得考虑。

1) 团队倡导度:通常用于评估雇主品牌价值,通过询问数据团队成员推荐他人加入团队的意愿,既能衡量团队内部的满意度,也能预测与业务团队进行人才交流的可能性。

2) 利益相关者满意度:在日常合作过程中,定期收集利益相关者对数据团队的满意度反馈，有助于我们从更宏观的角度评估合作效果。

3）高层领导满意度：了解高层领导对数据战略的看法对评估数据工作沟通的清晰度至关重要，这也有助于确保数据战略获得必要的持续支持和资源保障。

实施基于反馈的 KPI 不仅鼓励所有数据专业人员将征求反馈视为日常工作的一部分，而且这种习惯是构建基于共创和信任合作的重要支柱。

4.7 现实的乐观主义与有毒的积极性

人们很容易关注那些不顺利的事情——抱怨似乎是人的天性。在讨论数据战略时，如果过分强调风险和挑战而忽略了成就，则可能会导致对数据工作持续的负面看法，这可能是致命的。同时，也存在另一个极端：忽视所有负面因素，只强调积极的一面（通常是人为强加的），这通常称为"有毒的积极性（Toxic Positivity）"。

为了达成平衡,数据战略的沟通应该始终体现"现实的乐观主义(Realistic Optimism)"——即在强调积极进展的同时,也坦诚面对并承认消极因素的存在。这种沟通方式的逻辑基础在于,任何意外挑战至少已被识别,并且针对这些挑战的努力已经或正在进行中。

以下是一些体现现实的乐观主义精神的沟通示例。

1)不要说"我不知道你在说什么,我们所有的数据管道都在正常运行",而应该说"感谢你向我们指出数据管道的挑战——没有你的反馈,我们不可能如此迅速地识别并解决这些问题"。

2)不要说"我们没有预见到新法规的到来,现在我们将不得不停止一些项目",而应该说"我们通过暂停这些项目来避免潜在的法律风险,同时,我们正在积极采取措施,包括与法律团队更紧密的合作,以提前预见和管理这些风险"。

3)不要说"更广泛的组织重组使我们的数据工作变得复杂,目前还不清楚我们需要做什么",而应该说"重组使我们能够更加聚焦于新定义的战略目标,虽然短期内可能会经历一个过渡阶段，但长远来看，这将使我们的数据工作更具影响力"。

现实的乐观主义的好处在于，它在与他人分享后能产生倍增效应。一旦每个人都对数据战略中的挑战持有健康、平衡的心态，它将有助于改善组织的整体文化。

4.8　有意识的沟通需要提前规划

所有前述话题都服务于同一个核心目标：有意识地进行沟通。换句话说，我们应该采取主动的、目标明确的沟通方式，而非被动地应对询问。

这正是在数据战略中包含沟通计划如此重要的原因，它使我们能够建立系统化、策略性的沟通框架，针对不同受众的特点采取差异化的沟通策略。

沟通工具箱帮助你预定义沟通的关键方面，使你能够提前有结构地规划沟通，具体如下。

1）沟通目标：明确你想要沟通的关键受众，并运用诸如基于角色的技术对他们进行细分，这使得你能够根据不同的信息需求与他们进行有效沟通。

2）沟通主题：明确你想要沟通的主题，并在运营、战术和战略信息之间寻找平衡。例如，讨论项目更新所需的沟通类型与发表关于新数据战略的鼓舞人心的主题演讲在内容和形式上是不一样的。

3）沟通渠道：根据目标受众的偏好和信息个性化需求，确定主要的沟通渠道。一对一会议在传递个性化信息方面通常比电子邮件更为有效，同时要考虑到，在小规模个人沟通与大规模公共沟通之间保持平衡。

4）沟通频率：明确信息和进展的发布频率至关重要，并非所有事项都要求最频繁的沟通。在规划沟通频率时，应保留一定的灵活性，以便进行必要的临时沟通。总有一些意料之外的事项需要及时传达，无论是好消息还是新挑战。

5）责任人：在数据战略的沟通中，不应总是由同一群人承担所有沟通任务，应根据与目标受众和利益相关者的关系，分配不同的沟通责任。这种做法不仅能确保信息的多样性和广泛覆盖，还为初级团队成员提供了锻炼沟通技巧的机会。

一旦定义了所有这些要素，就可以在沟通工具箱中进行可视化，如图4.4所示。

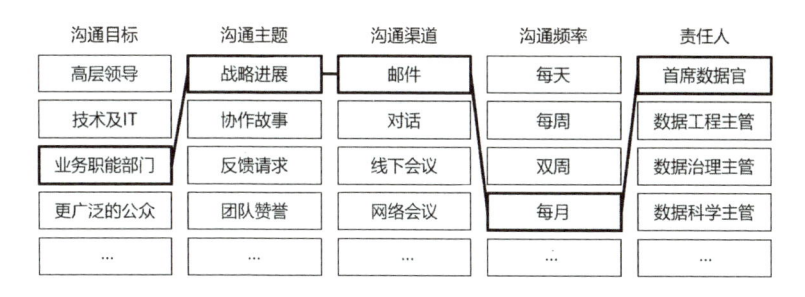

沟通目标	沟通主题	沟通渠道	沟通频率	责任人
高层领导	战略进展	邮件	每天	首席数据官
技术及IT	协作故事	对话	每周	数据工程主管
业务职能部门	反馈请求	线下会议	双周	数据治理主管
更广泛的公众	团队赞誉	网络会议	每月	数据科学主管
...			...	

图 4.4 沟通工具箱（附带沟通路径示例）

通过这种方式，可以一目了然地看到所有预设选项，并可从左到右为特定的沟通措施规划你的沟通路径。这些选择现在可以反映在内容规划中，如预先撰写简报文案、创建会议议程或规划网络研讨会主题。

我们希望任何与数据战略相关的沟通都是精确、易懂和难忘的，实现这一目标所需的一个关键技能是创造力，让我们在下一章深入讨论这个问题。

第 5 章

创造力（Creativity）

当我发布一首关于数据治理的说唱歌曲《数据守护者》（Governors of Data）[10]时，它在我的所属组织和数据管理专业社区中引起了强烈的反响。我认为引起这种反响的原因有以下两个。

1）说唱音乐作为一种数据治理的传播形式，在业界尚属首创。

2）数据从业人员的创造力往往被大众低估。

这一观点或许略显激进，但作为一个天生的乐观主义者，我看到了其中蕴含的巨大潜力：在数据领域，即便是最小规模的创新尝试，也能凭借其意外性引发广泛关注。

传统上，创造力常被视为艺术的专属，而数据分析则被归为纯理性领域，但我坚信二者存在深刻关联。让我们以音乐和数据之间的相似之处为例，探索它们之间的联系（见图5.1）。

音乐	数据
定义音阶	定义数值集合
将音符和声音转化为艺术	将数据点转化为数据集
通过声音表达情感	通过故事表达见解
集体演奏和聆听	数据与业务专业知识的协作
音乐中的不同品位	数据的不同需求

图 5.1　音乐与数据之间的联系

视角的选择至关重要。我们可以从机械和科学的视角审视艺术，同样，也可以从创造性和创新性的视角观察数据。这意味着，只要我们愿意，创造力总是可以被激发和应用的。

创造力如同肌肉，需要我们日复一日地训练和运用。从组织发展的角度来看，创造力是推动创新和保持竞争力的核心人力资本要素，它要求我们必须摒弃"数据团队缺乏创造力"的刻板印象。因此，本章将深入探讨创造力在数据战略构建与实施过程中的具体应用路径。

5.1 要理解创造力的多样性

在深入探讨如何在数据战略中激发实用创造力之前，我们必须认识到创造力并非单一实体，而是有多种类型，每种类型适用于不同的场合。

1）自发性（Spontaneous）与解决方案导向（Solution-Oriented）的创造力：自发性创造力常与艺术中的"灵感火花"相联系，通常是主动产生的。例如，两个之前没有联系的主题之间意想不到的联系，或与利益相关者互动的深思熟虑的方法。而解决方案导向的创造力通常是尝试解决问题的结果，通常更具反应性——例如，寻找优化现有流程的方法。

2）渐进性（Incremental）与颠覆性（Disruptive）创造力：渐进性创造力很大程度上依赖于现有知识或实践。例如，它可能涉及编写会议总结或基于真实生活情境的笑话。颠覆性创造力则涉及绝对新颖的元素，如发明轮子。

这两个创造力维度意味着有多种发挥创造力的方式,我们可以将不同的机会和技巧沿着这两个维度映射到一个矩阵中(见图5.2)。

	渐进性	颠覆性
解决方案导向	实验	变革管理
自发性	持续改进	引导式创新

图 5.2 两维度创造力分析矩阵

在这个2×2矩阵中,我们可以识别出以下四种创造力的组合。

1)实验(Experimentation):这种方法结合了解决方案导向和渐进性,通过在控制环境中测试略有不同的解决方案,以确定哪种能带来最佳结果。例如,可以通过网站A/B测试来实现这一点。

2)持续改进(Continuous Improvement):这种方法也是渐进性的,但更倾向于自发性。它基于意外的新发现和反馈，通过小的变化累积产生结果的逐步优化。例如，可以根据需求的变化重新设计数据目录的起始页面。

3）**变革管理**（Change Management）：当需要解决方案导向和颠覆性创造力时，变革管理尤为重要，因为较大的变化需要更协调的方法来实现同步和持续的变化。例如，在旧平台无法满足新需求而迁移到新数据平台时，就需要进行变革管理。

4）**引导式创新**（Guided Innovation）：这种创新是颠覆性创造力的自发表现，需要更多的指导和支持，包括赞助和资金，同时将其与商业价值紧密联系。例如，追踪首次NFT（Non-Fungible Token 的简写，意指非同质化代币，是一种基于区块链技术的独特数字资产——译者注）销售活动可以作为这种创新的一个实例（尽管在本书出版时 NFT 可能已不再那么相关，但不影响我们理解其意义）。

从数据战略的角度来看，我们应该欢迎创造力——通过聚焦这四种组合，数据战略需要营造一个有利于创造力自然发生并转化为实际成果的环境。

5.2 为创造力营造有利环境

毕加索曾说："创造力的敌人是常识。"这句话揭示了一个真相——发挥创造力可能会让人感到不安，因为它要求我们超越熟悉的领域和擅长的技能。然而，这也与常识相悖，因为常识往往暗示着尝试新事物可能会导致失败。

然而，当创造力的表达遭遇失败时，后果究竟是什么？15 岁时，我开始创作歌曲，并与所有同学分享了一首关于青少年孤独感的作品——结果并不成功。我的朋友们感到困惑，同学们嘲笑我写关于"我的感受"的歌曲。但那次失败之后，我意识到情况并不像想象中那么糟糕。实际上，它增强了我对失败的韧性，因为我意识到这已经是我能遇到的最糟糕的情况了。这听起来可能很老套，但往往失败并不像我们预想的那样严重。失败实际上帮助我们从错误中学习，使我们的工作比未曾失败过更加出色。

从数据战略的角度来看，营造一个让人不畏惧失败的环境至关重要。在恰当的指导和积极思维的共同作用下，我们可以有效地激发人们的创造力，并将其转化为推动创新的动力。这一环境的关键在于心理安全感的营造。人们应当感到舒适，敢于提出自己的想法，勇于将这些想法付诸实践，并且在一些想法不可避免地遭遇失败时不会受到惩罚。

应用前几章中关于协作和沟通的原则可以帮助我们实现这一点。同时，也需要与参与数据工作的每个人进行积极、细致的互动，以使他们对发挥创造力感到舒适。

因此，当数据团队成员最终对"在创造力方面，最糟糕的情况是什么？"这个问题有一个满意的答案时，便是鼓励每个人都发挥创造力的最佳时机。数据战略需要创新，而充分利用每个人的创造力，可以有效和高效地推动创新。

5.3 将创造力视作一块肌肉

我坚信每个人内心深处都蕴藏着创造力。我们的教育和职业特性可能使我们对此视而不见，但创造力确实是我们人类的核心技能之一。因此，我更愿意将创造力视作一块肌肉——我们之中有些人更多地锻炼了它，有些人则较少。正如我们身体上的肌肉一样，掌握创造力的关键在于开始训练它，并持续不断地这样做。

作为数据领导者，我们需要从心态、实践和习惯这三个方面来培养创造力，下面将详细说明。

1) 心态：我们必须强调创造力对数据战略成功的重要性和必要性。同样重要的是，要认识到，并非每个想法都必须成功，真正的创新往往伴随着尝试过程中的失败。

2) 实践：我们需要鼓励人们实践他们的创造力，并主动将他们纳入团队合作中，这不仅是对他们能力的信任，也是对协作的促进。

3) 习惯：当创造力成为日常工作的新常态时，维护一种鼓励构思和实验的文化至关重要，要确保这种文化能在积极的环境中持续发展。

关于创造力最重要的一点是，不仅仅在于用华丽的辞藻讨论它，而在于通过与所有团队成员和贡献者的有意义的互动,将行动和鼓励落到实处。

我们的教育体系主要集中于知识记忆与考试过关,但我们同样必须投入时间和精力培养原创性与非传统的人类思维。在定义和执行数据战略的过程中,我们需要赋予策略独特性、拥抱人际互动,并实践发散性思维。

5.4 将反思作为灵感的源泉

我们无须静待下一个重大危机来激发创造力。相反,从小事做起,降低风险可能是更明智的选择,因为迫于应对紧急事件的压力而草率地采用新方法并非最佳选择。

要迈出第一步,我们应该识别日常生活中任何可以改进的地方。这正是我们可以逐步应用创造力的方式。它可以是更新的日常例程、改变与利益相关者的沟通方式,或者尝试在SQL中使用更高效的命令。通过深入和彻底的反思,我们甚至能改进最平凡的任务。

反思在数据处理工作中并非全新概念,如项目中的团队回顾、同事间的反馈会议都是常见的实践。因此，我们有很多机会进行反思并识别改进的领域。

不满情绪和紧迫感越强烈，变革的动力就越强——这正是创造力实现突破性变革的契机。

正如创造力是推动创新的肌肉，我们的道德意识也应该更多地用于批判性地评估我们在数据领域中的所作所为。与创造力一样，道德意识是每个人的责任。

第 6 章

道德意识（Conscience）

我们生活在一个以数据为核心的世界中，数据已成为推动创新发展和科技进步的关键要素。面对众多激动人心的数据应用，我们常常忽视了从伦理、合规和法律的角度评估我们的行为是否妥当。

遵循规则是一种方法，但从数据战略的角度来看，我们更应该激发每个人的良知，更积极地激励自己以避免做错事，并激活人的判断力。人的判断力涉及识别关系、从证据中得出结论，以及评估事件和人物。换句话说，人类拥有评估对错、好坏、是否符合伦理的天赋。

这种道德判断指引根植于我们的自然本能，但它并非固定不变，而会随时间演变——事实上这也是积极的。否则，我们可能仍会容忍奴隶制、殖民主义和酷刑等行为。这也意味着我们不能仅依赖技术和算法来复制人的判断力，因为它们不会在缺乏人类干预和监督的情况下自动向好的方向发展。

如果我们不运用我们的判断力来维护利益，那么不良事件就会发生。实际上也正在发生：数据泄露、带有偏见的 AI 模型和针对性的诈骗机器人只是冰山一角。

我们必须在数据战略中加强人的判断力，并持续倾听那些关注和理性的声音，以规避可能导致无法挽回后果的不良行为风险。我们之前讨论过"数据驱动型"决策与"数据辅助型"决策之间的区别，我们的道德意识敲响警钟，意味着我们应该更多地倾向于后者而非前者。现在，让我们探讨如何实现这一转变。

6.1 乐观是积极求变的催化剂

需要多少个乐观主义者来更换一个灯泡？答案是：一个都不需要，因为他们总能在黑暗中看到光明。

希望这个小笑话能让你露出微笑（或至少轻轻松口气），以此缓解本章开头的悲观情绪。

乐观是期待未来积极结果的态度。但当你期待好事发生时，可以有两种态度：要么被动地等待好事自然发生，要么积极地采取行动，增加好结果发生的可能性。

在心理学中，这种对未来的积极态度和行动倾向称为心理资本[11]，它包括乐观主义，以及其他三个要素。

1) **希望**：它是指为目标坚持不懈，即使面对困难也能保持动力和期望。

2) **韧性**：它是指在遇到问题和逆境时能够持续前进，从挫折中恢复并继续追求目标。

3) **自我效能**：它是指对成功完成挑战性任务持有信心，相信自己具备实现目标所需的技能和资源。

单纯坐等并希望与数据相关的任何行动都能自然产生积极结果是不够的。我们必须为参与数据战略规划和运营的每个人都注入心理资本，使他们成为积极乐观主义者，愿意为实现数据工作的最佳可能结果而付出努力,并在遭遇挫折时保持这种动力——通过运用他们的道德意识和人类判断力。

我们能够采取的行动数量与我们利用专业知识进行数据积极改变的能力密切相关,这意味着乐观应与提高数据素养并行。例如,如果我们想要积极确保客户数据不会被泄露给犯罪分子用于诈骗,就需要了解在坏事发生之前可以采取哪些预防措施。

为所有数据贡献者营造一个积极乐观的正确环境至关重要,而在数据战略中采用恰当的语言和沟通风格对实现这一目标起着至关重要的作用。

6.2 数据风险的四大关键类型

在数据风险管理领域,有些问题需要人类的判断力。我们可以将可能对社会造成严重危害的突出问题归纳为以下四种类型。

1)数据隐私问题:确保个人身份信息(Personally Identifiable Information，PII）得到安全和合乎伦理的管理。例如，应确保电子邮件地址和电话号码不在组织内部被广泛共享。

2）数据安全问题：确保敏感信息不被泄露或未经授权的访问，特别是在存在恶意意图时。例如，我们不应允许每个人都能访问当前的财务数据以避免内幕交易。

3）数据伦理问题：确保数据的使用合乎伦理，不对特定群体造成不利影响。例如，我们应确保女性在我们定义的客户群体中不被低估。

4）无监督的人工智能：确保人工智能模型使用无偏见和公平的数据进行训练，且模型可解释，不会给组织、客户或社会带来风险。例如，我们应确保在生成式人工智能用例中，有色人种不会更频繁地与犯罪联系在一起。

如前所述，将这些问题的背景强加于数据战略参与者可能是一个艰巨的任务，因此激发他们的内在动机尤为重要。对于这些问题，关键在于唤起每个人的同理心："如果你的机密数据被误处理，你会有什么感觉？"

虽然人们容易将数据视为一堆匿名且无生命的数字和文本表格，但当我们希望利用它来推动数据战略中的价值时，情况却并非如此。因此，我们应该以必要的尊重、勤勉和关怀来对待数据。

定义一个数据战略路线图，定期捕捉组织中关键利益相关者面临的所有数据问题，是评估哪些问题正在得到解决的有效方法。然而，它也再次强调了将对这些问题的同理心思考置于首位的重要性。

6.3 跨职能监督强化道德意识

除了激发每个参与者的同理心以外，我们还需要正式的行动号召，认真对待这些问题，并采取措施强制预防和减少相关风险。跨职能的决策机构，如委员会和指导委员会，能够协助实现这一目标。在多数情况下，这些专注于数据主题的决策机构已经存在，我们可以利用它们来推动以正确的方式应用人为判断和批判性思维。以下是一些我们可以依托的典型决策机构。

1) **数据治理委员会**：由数据所有者和管理者组成的该

委员会，负责决定必须建立和执行哪些数据政策。此团队的职责不仅限于追求商业目标，还包括确保伦理和法律议题在此得到充分的讨论并达成共识。

2）**企业架构小组**：通常由不同领域的企业架构师组成的这个团队，负责管理和监督业务、数据、应用或技术层面的架构变更。在业务和数据层面，该小组有机会进一步融入以人为本的观点。

3）**人工智能治理委员会**：尽管人工智能治理在本书撰写之时仍是一个相对较新的议题，但随着与人工智能应用相关的失败和风险案例的增多，其重要性日益凸显。与主要关注数据对象和关系的数据治理不同，人工智能治理专注于人工智能模型及其与数据的交互作用。在这一领域，人类的监督显得尤为关键，因为我认为我们尚未全面考虑应用某些新型人工智能模型可能引发的所有潜在负面后果。

在这些小组（委员会）中，伦理和道德考量的重要性日益提高。在伦理这一难以精确界定的领域内，持有正确的观点至关重要。在面对不确定性状况时，确保有更多理性的声音变得尤为重要，因为相关的决策及其后果可能是不可逆转的。

6.4 关注多样性、公平性和包容性

我们这些在数据领域工作的人常常热衷于探讨这一领域激动人心的方面。然而，这种讨论往往给人留下数据工作既复杂又难以理解的印象，不幸地为那些对数据感兴趣但尚未深入涉足的人设置了障碍。

多样性、公平性和包容性（DEI）在大型企业中的重要性不断提高，我坚信这些原则在数据领域同样需要得到特别关注和应用。为了与业务专家实现真正平等的共创合作，我们需要消除对数据的恐惧和偏见，使数据领域成为一个更具包容性的空间。这要求我们积极努力揭开数据的神秘面纱，并鼓励人们积极参与。

颇具讽刺意味的是，我们可以从数据本身学习——数据本身不就是多样且不断变化的吗？如果我们试图理解任何给定时刻的所有数据，难道不应该确保有合适的人参与这项工作吗？头脑和心灵固然重要，但在这一关键问题上，声音也

同样重要。提供反馈以避免用数据做错事不仅是一个候选项，更是我们不可推卸的责任。

我们必须在数据学科中融入多样化的观点和经验，确保数据实践和项目为每个人提供平等的参与机会与结果，并为数据专家和非专家营造一种归属感。

多样性、公平性和包容性应在任何数据战略的人才方面发挥关键作用。一个很好的起点是创建得到数据领域领导公开支持的信任社区，如"数据中的女性"。

6.5 数据的可持续性创造美好未来

我们致力于减缓全球变暖，为我们的子孙后代保护这个世界。数据在这一过程中扮演着双重关键角色：首先，我们能够利用数据做出更加基于事实的决策，专注于减少碳足迹；其次，数据工作本身也会产生碳足迹，我们需要努力将其降至最低。

组织需要盈利以实现持续增长，然而，某些盈利方式可能与可持续性发展直接冲突。商业目标与可持续性目标不应相互割裂，二者之间的权衡应成为确定项目和计划优先级的关键因素。数据可以帮助我们量化商业影响（如收入）和可持续性影响（如碳足迹），从而在追求经济效益的同时，也考虑到环境的可持续性。

数据可以通过如下多种用例助力现有流程变得更可持续。

1）优化资源利用。
2）减少浪费。
3）提高能源效率。
4）可持续城市规划。
5）环境监测与保护。
6）企业可持续性报告。

然而，数据本身在任何组织中也会产生碳足迹，这要求我们在规划和构建数据基础设施时，必须考虑环境和可持续性因素。

1）数据中心消耗大量电力。

2）网络基础设施增加能源消耗。

3）计算机和智能手机的使用消耗能源。

4）处理大数据需要强大的计算能力。

我们必须确保能够利用数据做出更明智、更可持续的决策，并以最可持续的方式管理数据。实现这一目标的最佳途径是首先将此目标纳入数据战略中。

第 7 章

付 诸 行 动

恭喜你即将完成本书的阅读,希望你在探索数据战略的人文因素时有所收获。为了使这些讨论更加具体可行,下面提供一套问卷,你可以用它来反思和评估你的数据战略在人性化方面的表现。

(1) 胜任力有关的问卷问题

1) 你的数据素养计划是否已针对你的组织特色和不同业务领域进行了有效定制?

2) 你如何支持数据团队成员获得必要的商业洞察能力?

3) 你如何创造机会让团队成员实践和应用他们所学的知识?

4)你如何实现类似"企业大学"的概念,以推动基于模块的学习、集体学习环境、学习奖励和实践社群的建立?

5)你如何创造领导机会,并评估人们的领导技能,同时将这些技能与他们的实践技能区分开来?

6)你是否已经建立了职业发展和工作转换的流程,以促进人才的全面发展?

7)你如何定义"指导原则",以鼓励在学习、成长和领导中采取正确的心态与行为?

(2)协作力有关的问卷问题

1)你如何将协作技能有效地融入人才生命周期的各个阶段?

2)你如何通过增强透明度和促进人际互动来鼓励团队协作?

3)你如何鼓励共创文化作为推动协作的一种方式?

4)你如何沿着数据生命周期连接不同的数据角色?

5)你如何应用"追随痛感"的方法来识别和解决数据问题?

6)你如何应用寻找"数据宗旨"的概念来指导数据

战略?

7)你如何将"志存高远,不忘脚踏实地"的原则纳入你的数据战略路线图中?

8)你如何平衡临时请求和计划中的数据工作,以确保两者都得到有效管理?

9)你如何为数据团队建立一种积极的成功心态?

10)你如何围绕数据建立实践社群,以促进知识和经验的共享?

11)你的数据文化如何通过高层领导的行为来树立榜样?

12)你所在组织对数据和数据团队的信任度如何?你如何衡量和提升这种信任度?

(3) 沟通力有关的问卷问题

1)你如何在组织和个人层面上构建数据的价值框架?

2)你如何将"为什么—是什么—怎么做"的结构应用于你的数据战略叙述中?

3)你如何将利益相关者映射到不同的角色原型?

4)你如何将问题的事前预防作为成果进行沟通?

5）你如何将反馈作为沟通结果进行衡量？

6）你如何在讨论负面话题时应用现实的乐观主义？

7）你如何在数据战略中制定沟通计划？

（4）创造力有关的问卷问题

1）在你的数据战略中，采取了哪些措施来促进实验、持续改进、变革管理和引导式创新？

2）你的团队中的心理安全感和文化是如何鼓励与培养创造力的？

3）在数据工作中，我们如何培养一种支持创造力的心态、实践和习惯？

4）在你的数据团队中，反思是如何被用于激发创意和创新思维的？

（5）道德意识有关的问卷问题

1）你如何鼓励数据组织中的积极乐观主义？

2）你如何以同理心的方式处理数据问题？

3）你如何在决策机构中处理伦理元素？

4）你如何在数据战略中将多样性、公平性和包容性作为关键点？

5)你如何在数据战略中将可持续性作为关键点?

这份问卷可用于多种场合:个人自评、团队讨论和工作坊活动。最重要的是,回答这些问题能够引发实际的改进行动。

以下是你可能采取的步骤建议。

1)评估现状:请诚实地使用问卷评估你的数据战略在人性化方面的现状,并识别优势与不足。

2)定义目标:明确你希望在任何给定时间点数据战略达到的目标,旨在强化优势并减少弱点。

3)创建路线图:依据当前状况和既定目标,规划必要的行动步骤,并在时间轴上设定连续的评估检查点,以衡量进展。

我本不必赘述,因为书中的许多观点并非革命性创见。实际上,这些观点应当显得非常自然,因为它们植根于人类的基本同理心和对目标的内在追求。因此,如果你已感受到迫切的行动灵感,不要让之前提到的全面差距分析阻碍你。

相反，你应当采取渐进和迅速的行动来改进你的数据工作。

使你的数据战略人性化的最终目的是追求卓越。我们始终有提升的空间，尤其是在涉及与人合作和为人服务的领域。

结束语

本书系统地探讨了运用人性力量重塑数据战略的多维路径。在本书结束之际，谨以几点思考来做总结，以期引发读者对数据人文价值的更深层探索。

1）技术应当支持人类，而非取代人类。尽管人工智能和自动化提供了令人惊叹的机会，但这些技术和工具永远无法取代人类。它们应当通过自动化那些手动重复和烦琐的任务来为我们节省时间，但绝不能取代我们的思考和人际互动。

2）数据领域的工作不仅令人兴奋，也承载着重大责任。我们当前围绕数据的互动和协作将为未来树立先例。我们必须批判性地审查、明智地判断，并提供反馈以确保采取正确的行动。人工智能通过数据学习人类行为，如果我们的行为不当，错误的行为可能会被机器放大。

3）即使数据是一个严肃话题，我们仍能在处理数据时享受乐趣，我们应当如此。人性化的数据战略能激发每个人对数据的热情，享受与之工作的乐趣。

数据的未来掌握在我们所有人（人类）的手中。愿我们共同迎接挑战，创造一个更加明智和富有洞察力的数据驱动世界。

参考文献

［1］ MORROW J. Be data literate：the data literacy skills everyone needs to succeed［M］. London：Kogan Page，2021.

［2］ RIDSDALE C，ROTHWELL J，SMIT M，et al. Strategies and best practices for data literacy education：knowledge synthesis report［R］. 2015.

［3］ MURRE J M J，DROS J. Replication and analysis of Ebbinghaus' forgetting curve［J］. PLoS one，2015，10（7）：e0120644. https：//www. ncbi. nlm. nih. gov/pmc/articles/PMC4492928/.

［4］ KRUGER J，DUNNING D. Unskilled and unaware of it：how difficulties in recognizing one's own incompetence lead to inflated self-assessments［J］. Journal of personality and social psychology，2000，77（6）：1121-34. DOI：10. 1037//0022-3514. 77. 6. 1121.

［5］ SAWANT N S，KAMATH Y，BAJAJ U，et al. A study on impostor phenomenon，personality，and self-esteem of medical undergraduates and interns

[J/OL]. https://www.ncbi.nlm.nih.gov/pmc/articles/PMC10236681/.

[6] GARCÍA H, MIRALLES F. Ikigai: the Japanese secret to a long and happy life [M]. London: Penguin Life, 2017.

[7] MILLEN D, FONTAINE M A, MULLER M. Understanding the benefits and costs of communities of practice [J]. Communications of the ACM, 2002, 45: 69-73. DOI: 10.1145/505248.505276.

[8] ISLAM S. Data culture: develop an effective data-driven organization [M]. London: Kogan Page, 2024.

[9] BEARD A. Leading with humor [J/OL]. Harvard business review, 2014, (May). https://hbr.org/2014/05/leading-with-humor.

[10] Feng T. Governors of data (original song) [EB/OL]. 2022-02-22. https://youtu.be/EdOzZJd8DNk.

[11] LUTHANS F, BROAD J D. Positive psychological capital to help combat the mental health fallout from the pandemic and VUCA environment [J]. Organizational Dynamics, 2022, 51(2): 100817. https://doi.org/10.1016/j.orgdyn.2020.100817.